店家必學！活用 Google 我的商家

讓能見度跟營收提升的54招集客密技

永友一朗 著　王美娟 譯

「2018年夏季，我們官網的搜尋排名突然從第6名掉到第70名左右。雖然2個月後排名大致恢復了，但其實這段期間，網路集客狀況跟以前並沒有什麼不同。大概是因為在『Google地圖』上，我們的資訊始終排在前幾名的緣故。」（整復推拿館）

「我們原本就有經營社群網站與部落格，不過最近真的有不少客人是看到『Google地圖』上的資訊才來的。在家中小寶貝的初食儀式、初次參拜、七五三等特殊日子選擇本店的客人大增，也有不少外地的客人是查了地圖後預約的。」（壽司店）

（譯註：初食儀式為嬰兒出生百日後舉辦的餵食儀式，祈求孩子一生不愁吃；初次參拜為嬰兒滿月後初次到神社參拜，祈求孩子能健康成長；七五三為每年11月15日，家中的3歲男／女童、5歲男童、7歲女童要到神社參拜，感謝神明保佑並祈求健康。）

「我們使用『貼文』功能發送優惠券後，有非常多的顧客持優惠券來店消費。『Google我的商家』真是本店不可或缺的集客利器。」（針灸按摩店）

「有些顧客是看了『Google我的商家』的評論才來的。真的令我們非常開心。」（花店）

「持續使用『貼文』功能宣傳某項商品後，前來購買這項商品的顧客變多了。由於我們鮮少在其他的網路媒體上宣傳這項商品，因此這肯定是『Google我的商家』的成效。」（珠寶店）

以上是筆者實際詢問客戶，蒐集到的「『Google我的商家』運用實例」的一小部分。

筆者的客戶當中，有許多商家都說他們對IT或電腦不熟，不過，他們都是認真做生意的經營者，也都是一心一意想要讓顧客滿意的生意人。

筆者確信，對於「具有顧客會喜歡的商品或服務」、「但是不太懂複雜的IT⋯⋯」、「沒什麼錢宣傳⋯⋯」的商家而言，「Google我的商家」是絕佳的網路行銷工具。

登錄商家資訊、刊登商品之類的相片、發布消息、回覆顧客的感想⋯⋯只要運用這些極為基本的方法，就能給顧客留下極大的印象，尤其是使用智慧型手機尋找商家的新世代。

第1章將為各位說明，為什麼對現在的商家而言，「Google我的商家」是重要的網路集客工具。此外也會為各位整理，該刊登什麼內容，以及如何「有效運用」這項工具。
第2章要談的是，填寫商家資訊的訣竅與注意事項。
第3章要談的是，如何刊登好看的相片，以及重要的「貼文」功能。
第4章則以「運用於『貼文』、從顧客角度出發的網路行銷寫作技巧」為主題，說明何種寫法與表達技巧，才能讓顧客萌生「想要上門光顧！」、「想要洽詢！」的念頭。
第5章則是針對貼文的回覆技巧，解說該注意的重點並提供參考範本。
第6章要談的是，進一步運用「Google我的商家」的措施與管理。
第7章則回答有關「Google我的商家」與網路應用的常見問題。

希望各位都能使用「Google我的商家」這項免費工具，宣傳貴店的魅力，繼而增加「新顧客」。

2019年11月
永友一朗

第1章

「Google我的商家」的基礎知識與運用策略

第2章

有效刊登商家資訊的方法

第3章

與競爭對手拉開差距的「進攻」運用技巧

第4章

活用「貼文」的網路行銷寫作技巧

第5章

改善商家印象的留言回覆技巧

第6章
提高集客成效的外部措施與管理技巧

第7章

常見問題 Q&A

■【注意事項】購買與運用之前請務必詳閱以下內容

本書僅提供資訊，請讀者在參考及運用本書時，務必自行判斷及負責。如果運用本書的內容後，未能獲得預期的成果或是發生損害，出版社及作者概不負責。

本書刊載的內容，除非有特別說明，否則都是2019年10月當時的資訊。這些資訊日後有可能變更，運用時需留意。

本書受到著作權法的保護。未經許可，禁止以任何形式複製、傳播本書的部分或全部內容。

正文中的公司名稱與產品名稱等等，均為各相關公司的商標、註冊商標或商品名稱。另外，正文省略了TM與Ⓡ標誌。

第 1 章

「Google我的商家」的基礎知識與運用策略

為實體店迅速帶來人潮的「Google我的商家」

★ 在「Google地圖」與「Google搜尋」上刊登商家資訊

各位讀者當中，應該不少人都有過「使用『Google地圖』或『Google搜尋』，查詢店家或觀光景點」的經驗。相信大家會發現，這種時候除了一般的搜尋結果外，頁面上還會出現如下的內容。

「Google搜尋」畫面

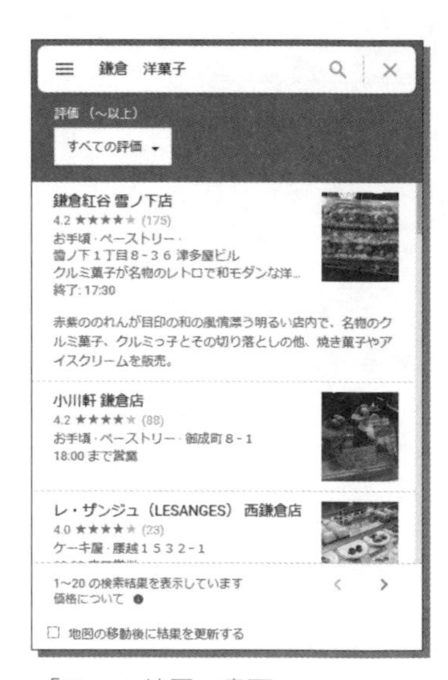

「Google地圖」畫面

這個版位顯示的是登錄在Google上的「商家資訊」。而能夠刊登與編輯這項「商家資訊」的服務，就叫做「Google我的商家」。無論是商家業主或是網路行銷員，都可以免費使用「Google我的商家」。而且，這項服務不只能刊登商家的地址、電話號碼與營業時間，還可以發布特賣或到貨消息等資訊。

相信各位都知道，「Google」是網路使用者在查詢東西時最常用的「搜尋引擎」。只要運用「Google我的商家」，就能在Google免費刊登商家資訊，還可以主動積極地發布各種資訊，因此這可說是最適合用來招攬新顧客的服務吧。

★ 在日本「Google地圖」是最多人使用的地圖應用程式

下圖是2018年日本智慧型手機應用程式用戶人數的排行榜。用戶人數最多的應用程式是「LINE」，其次是「Google地圖」。換句話說，「Google地圖」是「日本的智慧型手機用戶最常使用的地圖應用程式」。

図表3: 2018年　日本におけるスマートフォンアプリ利用者数　TOP10

ランク	サービス名 APP	平均月間利用者数	対昨年増加率
1	LINE	5,528万人	11%
2	Google Maps	3,936万人	19%
3	YouTube	3,845万人	22%
4	Google App	3,465万人	16%
5	Gmail	3,309万人	17%
6	Google Play	3,136万人	6%
7	Twitter	2,875万人	14%
8	Yahoo! JAPAN	2,670万人	23%
9	Facebook	2,301万人	6%
10	McDonald's Japan	2,053万人	18%

Source: Nielsen Mobile NetView アプリからの利用 18歳以上の男女
※2018年1月から10月までのデータ：平均月間利用者数

尼爾森數位股份有限公司「2018年日本智慧型手機應用程式用戶人數TOP10」
（https://www.netratings.co.jp/news_release/2018/12/Newsrelease20181225.html）

既然能夠在「日本的智慧型手機用戶最常使用的地圖應用程式」上「免費」刊登貴店的資訊，而且還有可能「為新顧客的開發帶來頗大的幫助」，那麼我們實在沒有理由不去利用這項服務。本書將為各位解說「該以什麼樣的觀念與做法，完整且詳細地準備要刊登在『Google地圖』與『Google搜尋』上的商家資訊」。請各位跟著筆者一起循序漸進地學習吧！

02 為什麼「Google我的商家」能帶來顧客？

★ 從顧客的角度來看刊登的資訊

在各位將「Google我的商家」運用於事業，努力達成「開發新顧客」這個目標之前，必須先詳細了解「Google我的商家」具體而言是什麼樣的服務。本節就從顧客的角度，帶各位看一看「『Google我的商家』的資訊是如何呈現的？」、「顧客是如何發現這些資訊的？」。

筆者也是一名網路應用講座的講師，經常出差，也常在演講地點附近的理容院或髮廊打理儀容。右圖是使用智慧型手機的「Google」應用程式，搜尋「髮廊 能見台」這組關鍵字後出現的畫面。顯示在最上面的是知名口碑網站的「廣告」，接著是周邊地圖與3間髮廊（理容院、美髮院）。另外，能見台是神奈川縣橫濱市金澤區的地名。

接著來看，右圖同樣是使用智慧型手機的「Google地圖」應用程式，搜尋「髮廊　能見台」這組關鍵字後出現的畫面。「Google地圖」是Google專門提供「地圖」服務的應用程式。畫面上同樣顯示了當前位置附近的地圖與3間髮廊，勉強還可以看到第4間髮廊的部分資訊。我們能夠從簡略的資訊欄得知以下的資訊：

▶店名
▶總評論數與平均分數
▶與當前位置的距離
▶行業
▶地址
▶是否正在營業（當天的結束營業時間）

此外也會顯示「致電」、「規劃路線」等按鈕。對「想找要去的店」的使用者（新顧客）而言不可缺少的資訊，全都塞在這個欄位裡。那麼，點擊特定的商家後又會怎麼樣呢？這裡就以排在第1位的「愛亞髮廊」為例，一起來看看顯示的畫面吧！

從搜尋結果頁面點擊特定的商家（這裡以「愛亞髮廊」為例）後，不僅看得到數張相片與「店名」、「總評論數與平均分數」、「行業」、「從當前位置前往該店所需的時間」、「是否正在營業」外，還會顯示以下的按鈕：

▶路線（規劃前往該店的路線）
▶導航（從當前位置前往該店的導航服務）

▶致電

▶儲存到清單

顧客可以「致電」詢問有無空位，然後使用「導航」直接前往那家店。滑動（滾動）畫面，就會出現下一張圖的資訊。

底下的欄位有「傳送訊息」、「致電」等功能，還有網站（部落格）的連結等等。另外，有些店家還能得知「一般而言，現在是不是熱門時段？」。順帶一提，「一般而言，現在是不是熱門時段？」是根據Google使用者的行動紀錄計算出來的。現在真是相當厲害（恐怖？）的時代呢。繼續往下滑動畫面，就會出現下一張圖的資訊。

畫面上顯示著「相片」與「周邊地圖」。以「愛亞髮廊」為例，我們可以看到小孩子笑咪咪地剪頭髮的相片。想知道「這是什麼樣的店？」，果然還是「相片（影片）」特別有參考價值。

另外，有些店家還會顯示「訪客在此停留的平均時間為●小時」這樣的訊息。這也是根據Google使用者的行動紀錄計算出來的。對初次造訪這家店的顧客來說，這應該是非常實用的資訊吧。筆者在規劃家庭旅遊時，就會查看觀光景點的「平均停留時間」來構思行程。例如：這處名勝能在15分鐘內逛完嗎？要花2個小時嗎？規劃行程時，這是非常重要的資訊。繼續往下滑動畫面，就會出現下一張圖的資訊。

這個欄位可以看到評論的詳細內容。筆者個人通常會看其他人寫的評論內容，以及商家的回覆內容，而不是「評分（也就是星數）」。雖然大家對於口碑網站有各種正反意見，但作為一名消費者，個人覺得「評論的內容與回覆」很能反映實際的情況。筆者曾到「愛亞髮廊」消費過一次，他們很仔細地詢問意見（例如有關頭髮的煩惱），而且始終保持笑容，令筆者印象深刻。繼續往下滑動畫面，就會出現下一張圖的資訊。

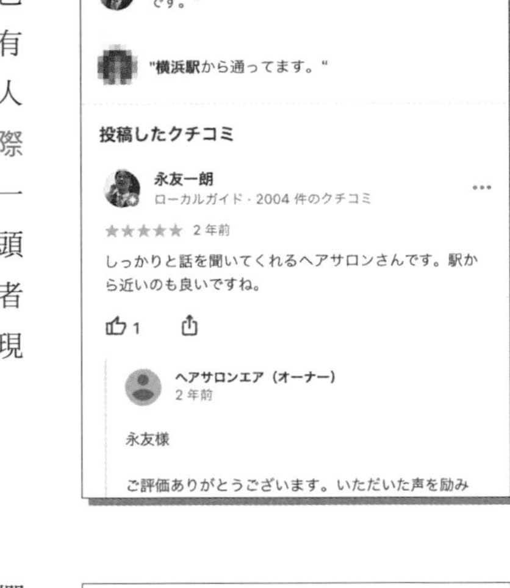

「其他人也搜尋了以下項目」這個欄位，會顯示出類似的其他商家。反過來說，當顧客使用「Google地圖」查找其他商家時，貴店的資訊也有可能出現在「類似商家」的欄位。另外，這個位置有時也會顯示該店發布的通知（例如活動貼文，參考P.80）。

最後點擊畫面左上角的「×」，就能關閉商家資訊回到搜尋結果頁面。

03 想成功獲得顧客就得注意的事

如同前述，各位讀者應該都很常使用「Google」或「Google地圖」應用程式，「尋找商家」或「選擇商家」吧。筆者因為從事顧問與講座講師的工作，經常要出差，想找出差地點附近的餐飲店時也幾乎都是使用「Google地圖」。

★ 促使新顧客上門光顧的2大重點

其實，上一節的範例圖有2個必須注意的重點。

▶橫濱市金澤區的「髮廊（理容院、美髮院）」超過100家，但用「Google」或「Google地圖」應用程式查詢時，起初只會列出「3家」店。而且列出來的未必是「距離當前位置最近的3家店」。
▶每家店的資訊量都不同。另外，「評價」是以數字呈現。

會用「Google」或「Google地圖」，查詢「行業名稱」或「行業名稱＋地名」的人，應該絕大部分都是「新顧客」，而非常客或熟客吧？當新顧客使用「Google」或「Google地圖」查找商家時——

▶（1）貴店立刻出現在搜尋結果的最前排。
▶（2）貴店提供許多資訊，而且評論數多，評分也很高。

以上2點有可能促使「新顧客上門光顧」，這應該無庸贅言。換句話說，「『Google我的商家』運用法」，其實就是「調整顯示在『Google地圖』與『Google搜尋』上的商家資訊，使之達成上述（1）與（2）的狀態，增加來店的新顧客」。更進一步地說：

▶貴店沒有立刻出現在搜尋結果的最前排。
▶貴店提供的資訊很少，而且沒有評論，或者評分很低。

若是這種情況，新顧客就會流入達成（1）與（2）的商家。

人口減少，既有顧客高齡化，市場充斥著商品與服務，卻面臨消費低迷的窘境。不消說，中小企業與店鋪經營者應該都實際感受到「生意變難做了」。此時應該要趕緊找到「新顧客」才對。當新顧客（潛在顧客）使用智慧型手機查找商家時，只要「顯示在『Google地圖』或『Google搜尋』上的商家資訊很詳盡」，只要靠這種「非常簡單，而且不必花錢的方法」就能與對手拉大差距。衷心期盼各位能掌握本書介紹的做法與觀念，讓生意興隆，業績蒸蒸日上。

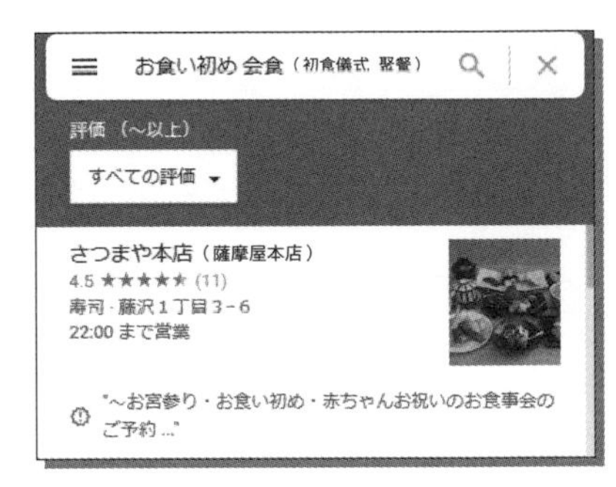

以「薩摩屋本店」為例，搜尋「初食儀式　聚餐」，該店立刻出現在搜尋結果的最前排。我們要實現的就是這種狀態

而且該店評論數多，評分相當高，也載明了網站網址、電話號碼與營業時間。此外還設置了預約的引導連結，容易吸引顧客洽詢或上門消費。

04 有助於擠進「前3排」的Google指南

前面提到，運用「Google我的商家」時，擠進「搜尋結果的前3排」很重要。這個顯示順序未必是取決於「與當前位置的距離」。那麼，決定「排序」的因素是什麼呢？當然，目前我們業者尚且無法得知「正確答案」、「完美的方法論」。不過，Google公開了「重大的提示」，筆者認為參考這些提示，努力擠進「搜尋結果的前3排」才是正確的做法。Google在「商家資訊說明」裡，提供了「改善您商家在Google上的本地排名」的方法。

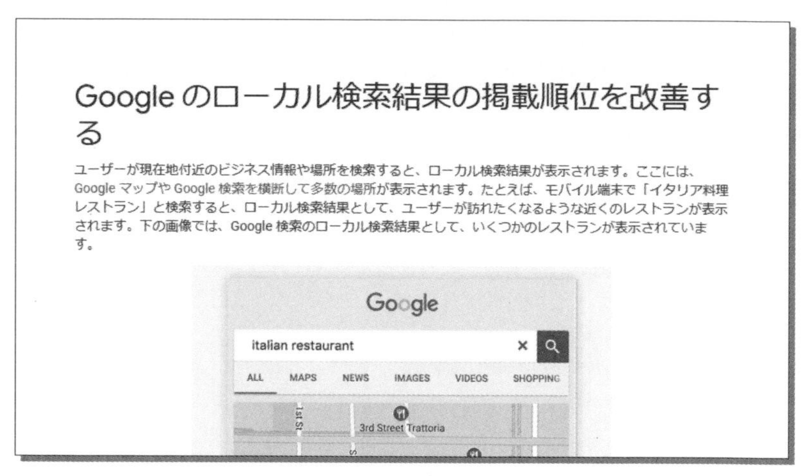

Google LLC「改善您商家在Google上的本地排名」
（https://support.google.com/business/answer/7091）

本地排名是指自家店鋪在Google上的刊登順序。也就是說，這是「該怎麼做才比較容易擠進『搜尋結果的前3排』？」這個問題的指標。以下就引用官方說明裡的重點，為各位逐一解說。

★ 解讀Google指南裡的提示

・輸入完整且正確的資訊

本地搜尋結果偏向顯示與搜尋字詞最相關的資訊，因此商家如果能提供完整且正確的資訊，就越容易與相關搜尋達成比對。請務必在Google我的商家中輸入所有商家資訊，讓客戶更加瞭解您商家的服務內容、所在位置和營業時間。這些資訊包括（但不限於）實體店址、電話號碼、類別、簡短描述和屬性，之後商家如有任何異動，也請務必更新這些資訊。

這個意思是，只要使用後述的「Google我的商家」的服務，「詳盡地」提供「正確的商家資訊」，貴店的資訊就會比較容易出現在Google的搜尋結果上。

・驗證您的地點

如果您希望商家所在地點能在各項Google產品（如Google地圖和Google搜尋）中充分曝光，建議您驗證商家所在地點。

這個意思是，只要進行第2章解說的「驗證」，貴店的資訊就會比較容易出現在Google的搜尋結果上。驗證商家資訊不需要付費。

・提供正確的營業時間

提供正確的營業時間（包括節日和特別活動的特殊營業時間）並經常視情況更新，以免潛在客戶撲空。

Google極為重視網路使用者（狹義是指Google使用者）的便利性。由於Google建議大家提供對使用者既便利又有益的資訊，因此我們應該要避免「『Google地圖』上明明顯示營業中，到了現場卻發現今天休息」之類的狀況。不光是平常的營業時間，假日店鋪有沒有營業也要標示清楚。

・管理和回覆評論

回覆客戶評論是與客戶交流互動的好方法，這表示您很重視客戶對您商家的意見回饋。如果客戶樂於與您互動且提出正面評價，除了能提高您商家的能見度，也會提高潛在客戶上門光顧的意願。您也可以建立方便使用者留下評論的連結，藉此鼓勵更多客戶提供評論。

這個意思是「設法獲得許多評論，也要回覆這些評論」。另外，能為「Google地圖」上的商家評分、留下評論的人，基本上都是稱為「Google在地嚮導」的Google使用者。關於Google在地嚮導，筆者會在P.72為大家說明。

・加入相片

您可以在商家資訊中加入相片，向使用者展示您的商品和服務，並進一步宣傳您的商家。新增符合實況且吸引人的相片，還可讓潛在客戶知道您的商家有他們需要的產品或服務。

簡單來說，就是「上傳許多吸引人的相片」。另外，商家資訊是指「顯示在『Google地圖』或『Google搜尋』上的店家資訊」。

・Google如何決定本地排名

本地搜尋結果主要是以關聯性、距離和名氣為依據。綜合上述因素後，我們就能找出最符合客戶搜尋字詞的結果。舉例來說，Google演算法可能會做出以下判斷：相較於距離近的商家，距離遠的商家更能提供貼近使用者需求的服務，因此在本地搜尋結果中能獲得較高的排名。

· 關聯性

關聯性是指使用者搜尋字詞與本地商家資訊的吻合度。只要您提供完整詳細的商家資訊，Google就能更瞭解您的服務內容，並在客戶的相關搜尋結果中列出您的商家資訊。

在「改善您商家在Google上的本地排名」頁面上，還有個類似「總結」的項目。上面這2段說明的意思就是，「刊登順序會受到各種因素影響」，以及「提供完整詳細的商家資訊，就有機會提高使用者搜尋字詞與商家資訊的吻合度」。換句話說就是再次強調，只要「詳盡地」提供「正確的商家資訊」，貴店的資訊就會比較容易出現在Google的搜尋結果上。

詳盡的資訊是為了「顧客」而提供的

前面為了讓各位比較好理解，因此告訴大家「為了提高在Google上的本地排名」，要提供完整詳細的資訊。不過本質上，我們當然是「為了讓新顧客瞭解」、「為了讓顧客知道自家店鋪是以誰為對象提供什麼樣的東西」而提供資訊的，請各位別忘了這點。如果是靠小聰明採取「騙人」的手段，有可能會吸引到價值觀不合的顧客。

05 「Google我的商家」的3種運用策略

★ 第1種　刊登正確且充足的商家資訊

從前面的說明來看，「詳盡地」提供「正確資訊」的商家，能在Google的搜尋結果上排到好位置這點應該是錯不了的。因此，運用「Google我的商家」時，首先要注意的就是必須「詳盡地」提供「正確的商家資訊」。我們來看商家的實例吧。下圖是神奈川縣藤澤市的老字號壽司店「薩摩屋本店」的商家資訊。

營業中 ^

金曜日	11:00-15:00 17:00-22:00
土曜日	11:00-15:00 17:00-22:00
日曜日	11:00-15:00 17:00-22:00
月曜日	11:00-15:00 17:00-22:00
火曜日	営業時間外
水曜日	11:00-15:00 17:00-22:00
木曜日	11:00-15:00 17:00-22:00

「薩摩屋本店」的營業時間（左）與相片（右）的頁面

薩摩屋本店星期二公休，其他時候的營業時間為「11點00分～15點00分」與「17點00分～22點00分」。該店正確標示營業時間，讓顧客能夠一目了然。另外，該店刊登的相片居然有600多張。資訊量如此豐富，顧客應該不難想像這家壽司店的模樣吧。

★ 第2種　努力與顧客溝通交流

「商家重視使用者（努力與使用者溝通交流）」似乎也是很大的重點，「回覆評論」就是具代表性的做法。雖說要努力溝通交流，但並不是像社群網站那樣互相按「讚」。另外，我們也不是非得24小時等著使用者給予評論。重要的是，對於顧客的詢問，不要「置之不理」，要認真回應。

「薩摩屋本店」的評論頁面。該店藉著回覆各則評論的機會，感謝顧客的光顧與留言。

「評論與回覆」應該是Google以及一般顧客，最容易知曉「這家店很重視顧客」的部分。

另外，關於評論與回覆方法我將在第5章詳細說明。請各位也要試著認真面對「評論」。

★ 第3種　串聯官方網站或社群網站

前2種都是「既然Google這樣要求，我們商家就努力達成吧。畢竟這應該是能在Google上占到好位置的辦法」。接下來要介紹的「Google我的商家」運用策略，則是「努力將顧客從『Google我的商家』導向其他工具」。

「Google我的商家」的確是既簡單又可免費使用、對集客而言十分重要的網路行銷工具。但是，行銷不能只靠「Google我的商家」。畢竟有些顧客可能會「想知道更多資訊」，更何況，消費者與商家的接觸點，並不只有「Google

地圖」與「Google搜尋」。

筆者在提供顧問服務時，經常與客戶談到「顧客接觸點多元化的重要性」。意思就是說，不要全靠「Google我的商家」，也要請顧客造訪其他的媒體，利用數個接觸點讓顧客瞭解貴店的迷人之處。薩摩屋本店也很積極地張貼連結，將顧客從「Google我的商家」導向官方網站。該店也在「貼文」欄（參考P.80）張貼官方網站的連結，看得出來他們想「向在『Google地圖』上發現自家店鋪的顧客提供更進一步的介紹」。

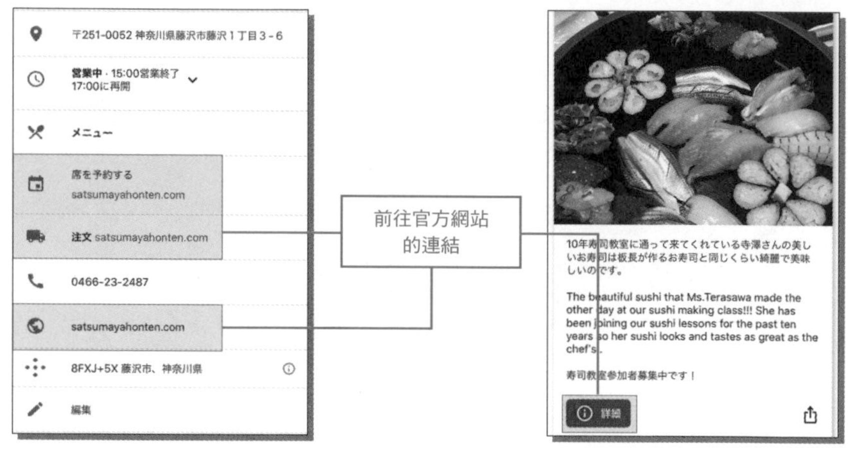

「薩摩屋本店」在商家資訊頁面（左）與「貼文」欄（右），張貼了官方網站的連結

提高顧客的心靈占有率

接下來要介紹的是「心靈占有率」這個概念，供大家做個參考。心靈占有率是指「特定品牌在顧客心中所占的比率」（格羅比斯企管研究所「MBA用語集」，https://mba.globis.ac.jp/about_mba/glossary/detail-12012.html）。

簡單來說，就是消費者想起這家店的比率，例如「在市內說到●●就會想到△△」。當然，這種「占有率」是無法測量的，不過一般來說，提高心靈占有率的方法有以下3種：

▶引發共鳴

▶增加接觸顧客的次數

▶展現專業性

換句話說，如果要提高本地消費者的認識度，達成「在這個地區說到●●就會想到△△」的狀態，我們能靠網路辦到的事，就是「在各種社群網站與網路行銷工具上曝光，讓消費者瞭解我們對工作的熱情與專業性」，這點很重要。畢竟有些顧客可能鮮少使用搜尋，主要是透過社群網站蒐集資訊。況且，「只」靠「Google我的商家」行銷的話，顧客也有可能不會記得貴店。因此，希望中小企業與店家一定要有「顧客接觸點多元化的重要性」之觀念，除了「Google我的商家」外也要積極運用社群網站。

關於社群網站的運用，筆者將在第6章為各位說明。

COLUMN 1

在Google上以「店名」進行指名搜尋的話會怎麼樣？

不過，有些時候使用者並不是籠統地查找「●●店」，而是早就知道貴店的存在。例如：聽朋友提起、看到招牌、看到傳單、在網路上無意間見過……等等。各位知道，這類使用者若是用電腦或智慧型手機，在Google上搜尋「店名」的話會怎麼樣嗎？下圖是用電腦搜尋「網頁顧問永友事務所」這個關鍵字時出現的畫面。

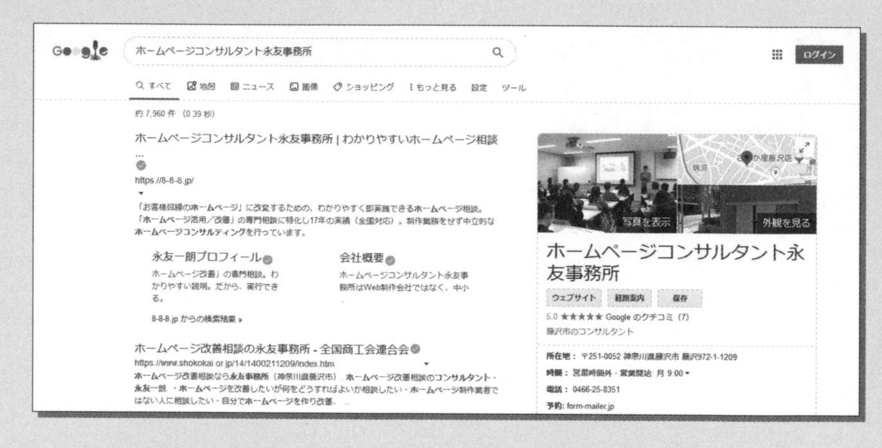

「網頁顧問永友事務所」是筆者經營的事務所，這個商號在日本是獨一無二的。因此，如果搜尋這個關鍵字，筆者的事務所官網就會出現在搜尋結果的最上面。像這樣以商號、公司名稱、負責人姓名進行搜尋的行為，稱為「指名搜尋」。從上圖可以看出，搜尋結果右邊有個頗大的版位，刊登著有關筆者事務所的資訊。這個資訊欄稱為「商家檔案」（知識面板），內容其實也是源自於「『Google我的商家』的商家資訊」。

換句話說，如果以「網頁顧問永友事務所」之類的關鍵字進行指名搜尋，「『Google我的商家』的商家資訊」也會顯示在醒目的位置上。使用者當中，可能也有不少人會在瀏覽官方網站前先查看這個「商家檔案」。由此亦可看出，提供完整且詳細的「『Google我的商家』之商家資訊」相當重要。

第 2 章

有效刊登商家資訊的方法

準備商家專用的Google帳戶

想運用「Google我的商家」，必須要有「Google帳戶」。筆者在提供顧問服務時，隨處可見以下這樣的情況：

▶把經營者個人的Google帳戶當作商家的Google帳戶使用
▶把員工個人的Google帳戶當作商家的Google帳戶使用

不過，以下的情況也很常見：

▶經營者出差或是不在時，沒辦法登入Google帳戶
▶員工離職後，沒辦法登入Google帳戶

因此，建議大家最好建立一個商家專用的Google帳戶。以日本來說，凡是居住在日本、年滿13歲的人，都可以建立Google帳戶。（譯註：臺灣同樣要滿13歲才能註冊。）

★ 建立Google帳戶的方法

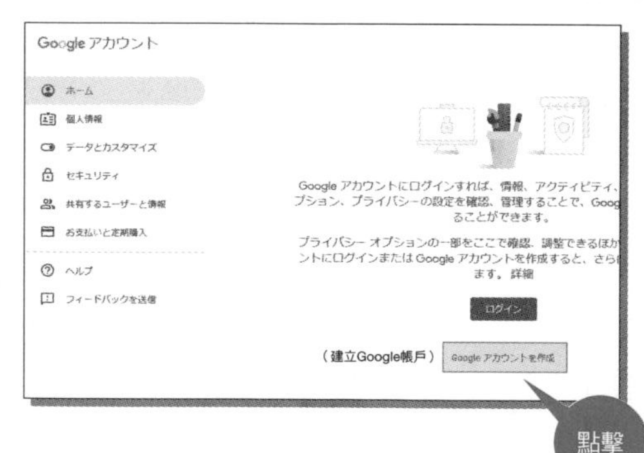

步驟① 啟動電腦或智慧型手機的瀏覽器，在網址列輸入「https://myaccount.google.com/」後按下 Enter 。電腦版會出現左圖的畫面，點擊「建立Google帳戶」。

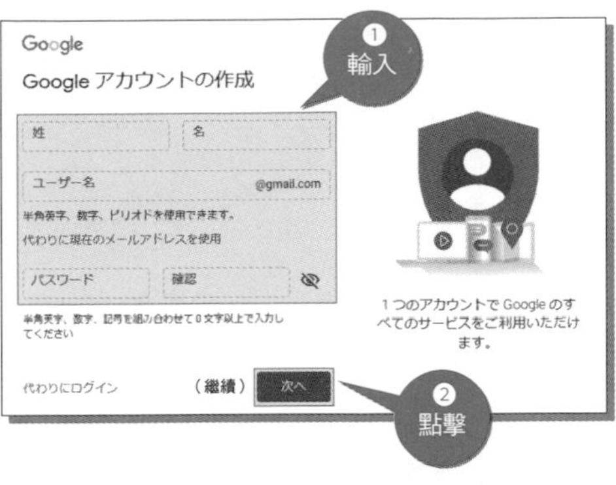

步驟② 酌情填寫資料，填完再點「繼續」。另外，由於這個帳戶是「商家專用」，為了方便起見，我們將公司名稱或商號拆成姓氏與名字填入，例如「姓：●●」，「名：股份有限公司」。密碼要混合使用8個字元以上的半形英文字母、數字與符號。

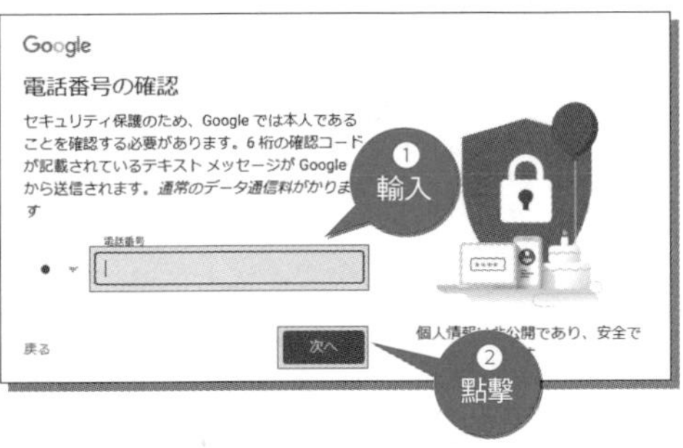

步驟③ 填入接收得到驗證碼（簡訊）的電話號碼。這裡要填寫手機號碼，而不是室內電話號碼。填完電話號碼後再點「繼續」。

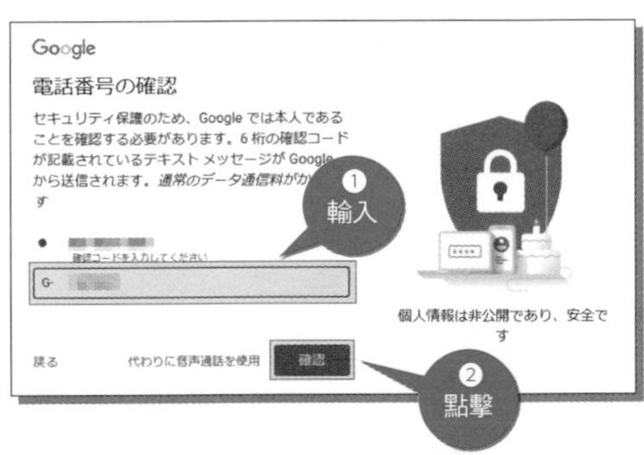

步驟④ 輸入手機收到的驗證碼後，點一下「驗證」。如果沒收到驗證碼，也可以改用「語音來電」進行驗證。

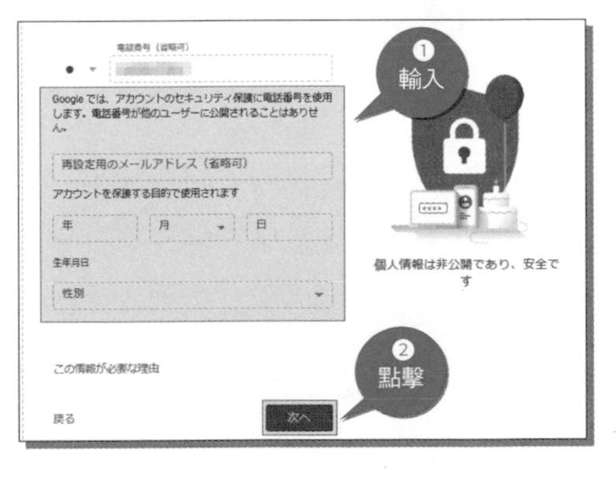

步驟⑤ 接著填寫「生日」。這裡建議填寫經營者自己的生日，而不是「商家的開幕日期」，因為Google似乎會根據這個項目確認「註冊者是否滿13歲」。另外，「性別」也有「不願透露」的選項可以選擇。填寫完畢後點一下「繼續」。

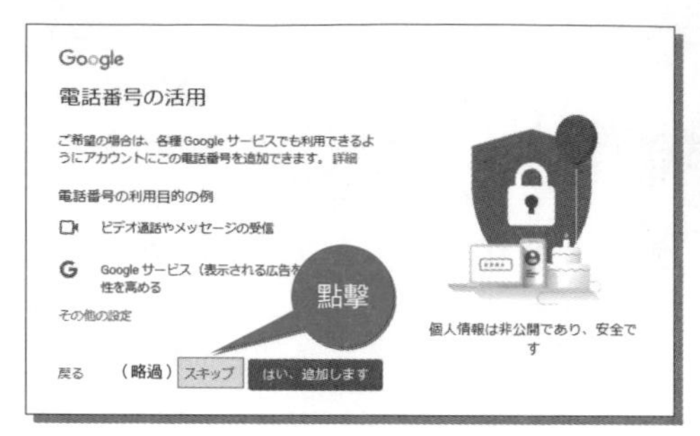

步驟❻ 出現「新增電話號碼以享有更多服務」畫面，這裡可以選擇「略過」。

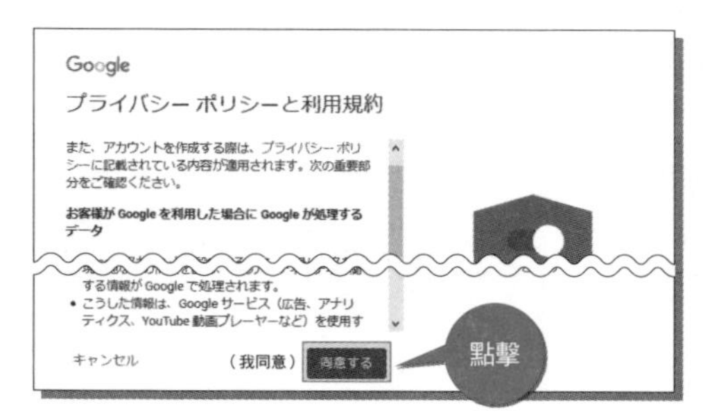

步驟❼ 出現「隱私權與條款」畫面。把條款欄位的捲軸拉到最下面，就會出現「我同意」按鈕，點擊按鈕。

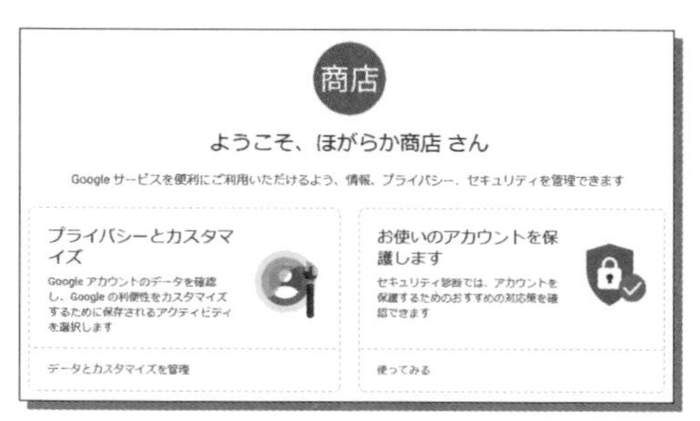

步驟❽ 假如出現左圖的畫面，代表已成功建立Google帳戶了。接下來，本書就以「已登入Google帳戶的狀態」為前提進行說明。

有助於商家營運的Google服務

只要擁有一個Google帳戶，就能夠免費使用各項Google服務。舉例來說，Gmail可以透過電腦與智慧型手機收發電子郵件，方便我們外出時查看郵件。至於「Google相簿」，則可以將智慧型手機拍攝的相片自動備份到網路上。除此之外，還有「Google日曆」與「Google分析」等方便的服務，請各位一定要自行摸索看看。

07 進行商家的「驗證」

★ 可使顧客信賴度倍增的「驗證」

「Google我的商家」是一項可以公開商家資訊、進行宣傳的服務。能夠編輯「商家資訊」的是以下2種使用者。

▶（1）Google在地嚮導
▶（2）商家業主

其中的「Google在地嚮導」之後會再說明，各位只要把他們視為「一般使用者」就可以了。一般使用者也能夠上傳商家相片、編輯營業時間之類的資訊（編輯需經過Google的審查）。

如果在「Google我的商家」完成驗證，成為「商家業主」，則可以使用後述的「貼文」功能進行宣傳、回覆評論、上傳自行準備的精美相片等等。關於「相片」，商家業主上傳的相片似乎會比一般使用者上傳的相片更優先顯示。另外，Google的調查指出，「對消費者來說，在『Google我的商家』完成資訊驗證的商家，要比其他商家加倍值得信任」（https://support.google.com/business/answer/3038063）。另外，這裡說的「商家業主」，並不是指狹義的「經營者」，而是指「這家店的人」，因此有權進入「Google我的商家」管理畫面的員工也能編輯資訊或發布貼文。

★ 進行驗證前的3種狀態

本書介紹的是「使用電腦進行驗證的步驟」，不過智慧型手機的驗證步驟也是大同小異，請各位仔細參考本節的說明自行挑戰。簡單來說，需要驗證的對象是「刊登在『Google地圖』上的商家」。首先請開啟電腦版的「Google地圖」（https://www.google.com/maps/），輸入地址或搜尋店名，查詢地圖上的自家店鋪。這時可能出現的情況有以下3種。

狀態1　尚未完成驗證

假如跟下圖一樣出現「聲明商家擁有權」這行字，代表「店鋪雖然已登錄在地圖上，但尚未完成驗證」。如果是這種情況，請參考接下來要說明的「驗證步驟」進行驗證。

狀態2　已完成驗證

反之，假如是「查詢到店鋪，但沒出現『聲明商家擁有權』這行字」的情況，代表驗證已經完成了。筆者在從事顧問工作時，時常見到「家人不知何時已幫忙完成驗證，但經營者本人卻不知情」的狀況，因此若屬於這種狀態，請向有可能幫忙完成驗證的人物確認一下。

狀態3　自家店鋪並未登錄在「Google 地圖」上

如果是剛開幕不久的店，也有可能發生「自家店鋪根本沒出現在『Google 地圖』上」的情況。假如是這種狀態，請在地圖裡的自家店鋪位置上點擊滑鼠右鍵，然後點一下選單裡的「加入你的商家」申請加入自家店鋪。之後的流程，跟以下的步驟大致相同。

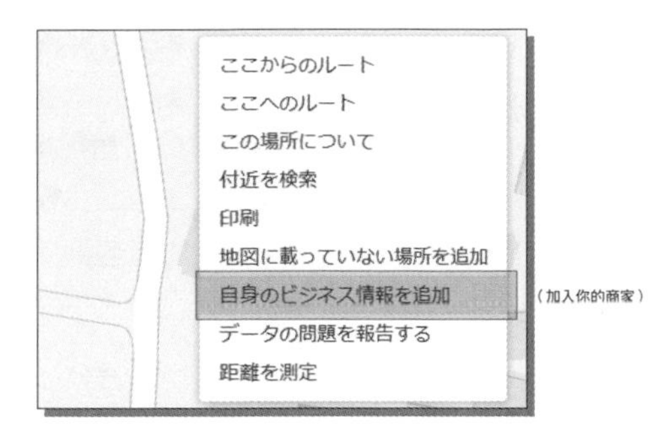

★ 驗證步驟

這裡就假設面臨狀態1出現「聲明商家擁有權」這行字的情況，為大家解說驗證的步驟。

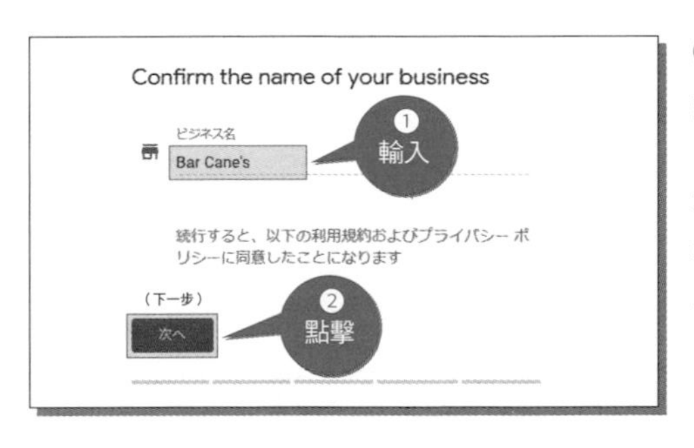

步驟① 點擊「聲明商家擁有權」這行字後，出現右圖的畫面。填寫「商家名稱」，也就是店名。如果事前已經填寫過了，就再檢查一次有沒有錯字吧。輸入完畢就點「下一步」。

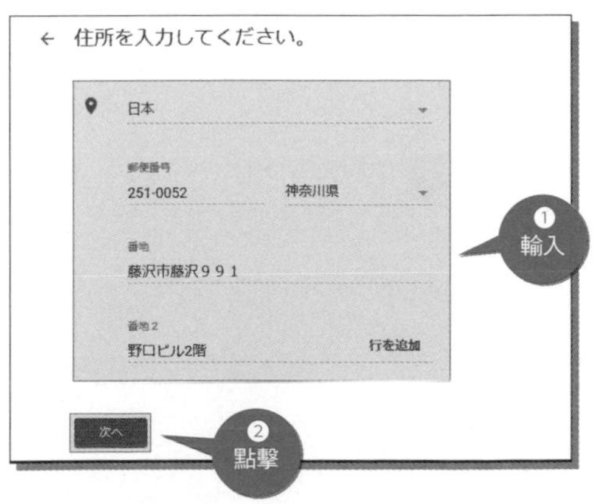

步驟② 輸入地址，然後點「下一步」。

步驟③ 關於「您是否有在這個營業地點以外為客戶提供服務？」這個問題，如果是像「到府整復推拿」、「跑腿幫」之類的到府服務型商家就選「是」。至於其他的「到實體店消費型的商家」則選「否」，然後點「下一步」。

步驟④ 接著選擇商家的類別（分類）。這裡無法直接輸入所有文字，只能從「Google我的商家」提供的業務類別選擇，因此有時會找不到完全符合的類別。選擇最為接近的類別後再點「下一步」。

步驟⑤ 填寫電話號碼與網站網址。如果沒有網站，就選擇「免費取得系統根據您提供的資訊所建立的網站」，然後點「下一步」。

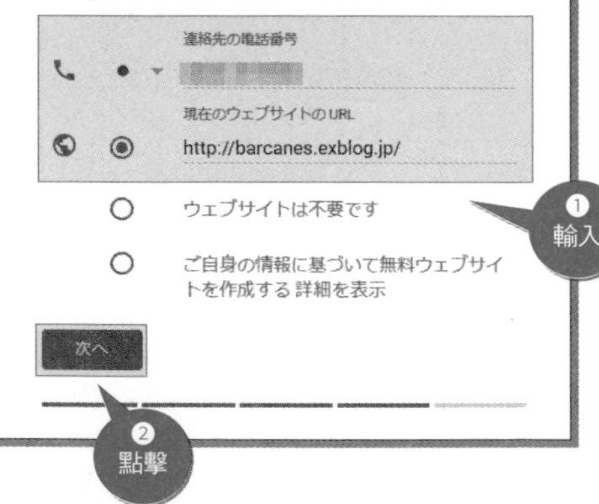

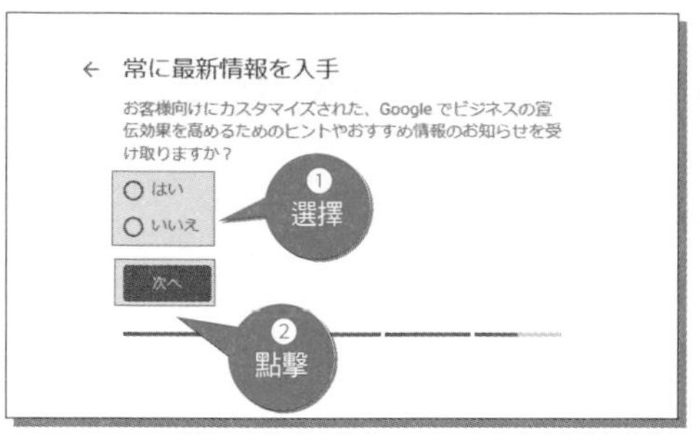

步驟❻ 這個畫面簡單來說，就是詢問「是否要接收『Google我的商家』的電子報？」。選擇其中一個選項後再點「下一步」。

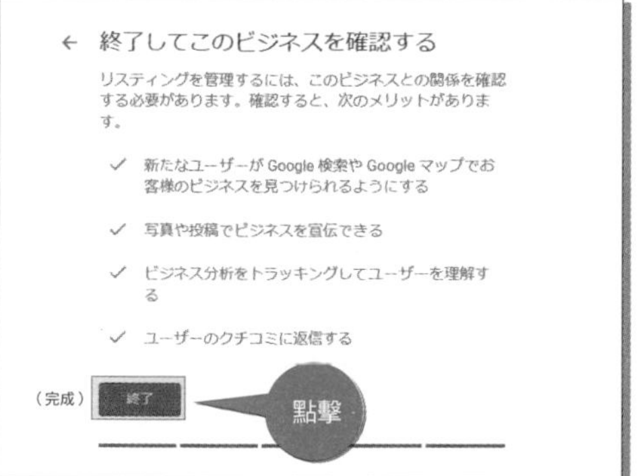

步驟❼ 看完畫面上的説明後，點擊「完成」。

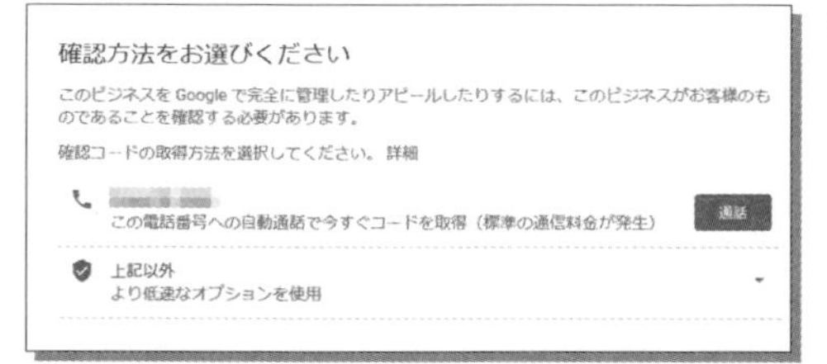

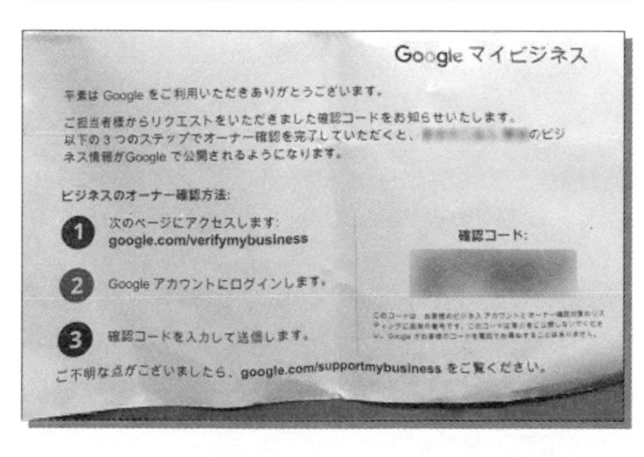

步驟❽ 我們可選擇透過「電話」或「明信片」取得驗證碼。根據筆者的顧問實務經驗，大部分的經營者都是選擇透過「電話」驗證。點擊「電話驗證」，Google就會打到畫面上顯示的電話號碼，告知5位數驗證碼。記下數字後回到畫面輸入認證碼，這樣就完成「驗證」了。

如果選擇透過「明信片」驗證，之後Google會寄出如右圖的明信片。

查看「Google我的商家」的管理畫面

★ 進入「Google我的商家」的管理畫面

來看看「Google我的商家」的管理畫面吧！要進入「Google我的商家」的管理畫面，得使用前述的「Google帳戶」。

步驟① 在瀏覽器的網址列輸入「https://www.google.com/intl/ja_jp/business/」後按下 Enter 。點擊右上角的「登入」（頁面上的相片時常更換，不過只要右上角有出現「登入」二字就沒問題了）。

步驟② 如果出現如下圖的畫面，就代表已進入「Google我的商家」的管理畫面。

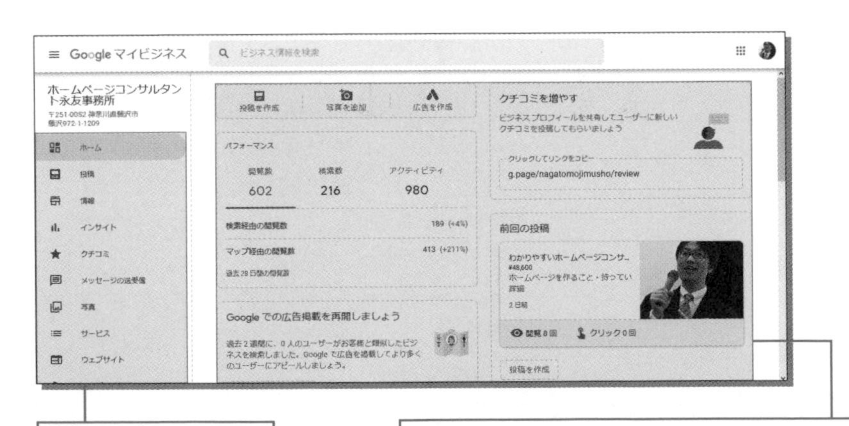

選單區：列出可以編輯的項目

編輯區：顯示選擇項目的詳細內容，在這個區塊實際進行編輯（發布貼文）

初次進入「Google我的商家」管理畫面的人，看到裡面的各種資訊，或許會不知所措地想著「該從哪裡著手才好……」。而且當中還有適用於高階使用者的「不看也無妨的項目」，實在很讓人傷腦筋。不過操作本身很直觀，只要從左邊選單選擇項目，再點「鉛筆」圖案就可以編輯了，請各位放心。

那麼，我們該刊登什麼樣的資訊，又該如何刊登呢？從下一頁開始，我們就來談談這個部分。

★ 登錄完資料後建議以手機應用程式版進行操作

「Google我的商家」有推出智慧型手機應用程式（iOS版／Android版），可以透過應用程式進行各種登錄、編輯與發布。筆者在擔任商家的網路應用顧問時，常聽到現場反應「很難在店內設置電腦發布資訊」。因此，如果貴店已在「Google我的商家」登錄了頗為完整詳細的資訊，之後的實際管理改以應用程式操作會比較方便。

另外，雖然本書的操作說明以電腦（瀏覽器）版的「Google我的商家」為主，不過其實手機應用程式版的「Google我的商家」，操作方式也跟前者大同小異，請各位放心。

「Google我的商家」應用程式畫面

09 登錄店名／行業／屬性

★ 編輯「商家名稱」

那麼，我們就逐一來看「Google我的商家」應該填寫的項目吧！首先，點開管理畫面左邊選單的「資訊」項目。接著，點一下顯示在畫面中央的商號／店名右邊的「鉛筆」圖案。

ビジネス名（商家名稱）

実際に使用しているビジネス名を入力してください。

ホームページコンサルタント永友事務所

キャンセル　適用

我們可以在這裡編輯「商家名稱」。商家名稱是指營業地點的名稱，簡單來說就是「商號或店名」。以下是Google對於「商家名稱」的說明：

> 名稱就是您的客戶所熟知的商家名稱，必須與實際用在店面、網站和文具上的名稱一致。提供準確的商家名稱有助於客戶在網路上找到您的商家。
>
> （引用：https://support.google.com/business/answer/3038177）

換句話說重點就是，「商家名稱」要填寫平常使用的商號或店名。請注意，名稱中不得包含宣傳標語之類的資訊。下一頁為大家舉幾個「不得包含的資訊」的代表例子。若想進一步瞭解詳情，請參考前述的引用網頁。

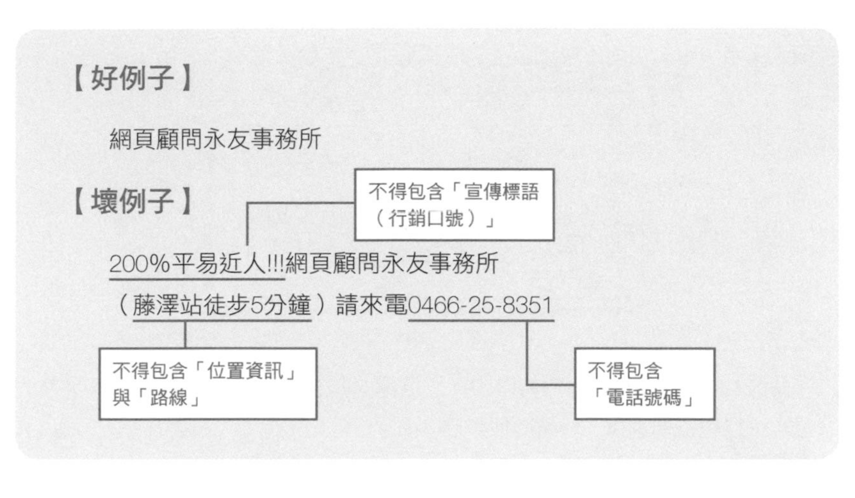

另外，大家在查看「Google地圖」時，應該很常看到如上述「壞例子」那樣的商家名稱。Google在說明中提到「請勿在商家名稱中加入不必要的資訊，否則商家資訊可能會遭停權」，因此現階段若登錄、公開如上述那樣的「不適當的名稱」，有可能會突然遭到移除（商家資訊遭到停權），請各位要多加注意。

★ 編輯「類別」

點一下「資訊」項目的畫面中央，類別名稱右邊的「鉛筆」圖案。

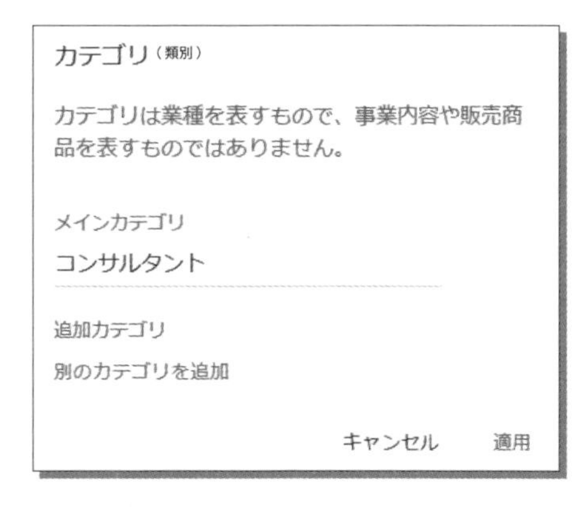

我們可以在這裡編輯「類別」。類別是指商家所屬的行業。Google在說明中提到「從清單中選擇用來說明整體核心業務的類別時，把握寧少勿多的原則」，也就是說，我們只能從Google提供的清單「選擇」類別。因此，即使自行輸入文字，也有可能出現下圖這樣的提醒文字，無法點擊「套用」。

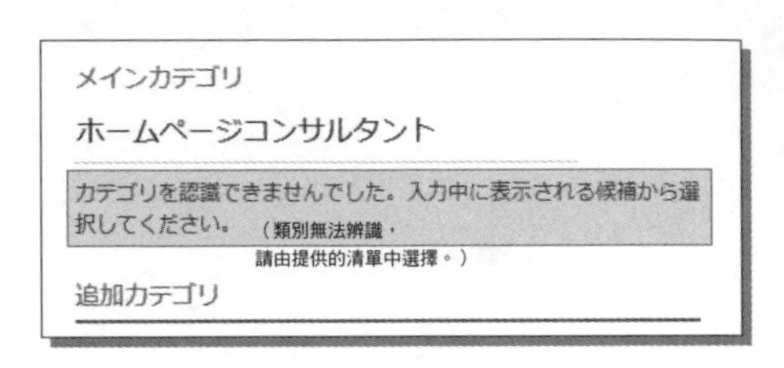

請務必從Google提供的清單中，「選擇」最接近的類別（行業）。另外，各位也可以視需要選擇「新增其他類別」。

★ 編輯「特色」

點一下「資訊」項目畫面中央的「新增特色（新增屬性）」。

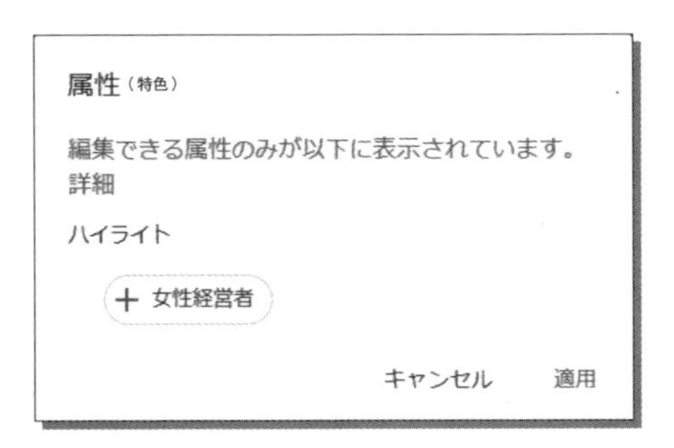

輸入（選擇）「特定的事實屬性」有助於宣傳自家店鋪。請從Google提供的選項中點選符合貴店的屬性。可以選擇的屬性種類取決於行業。以筆者為例，現階段只有「由女性經營」可以選擇，但筆者並不是女性經營者，所以就略過不選了。假如是餐飲店，則有以下這些屬性可以選擇。

種類	屬性
付款方式	NFC行動支付、信用卡、簽帳金融卡、支票、只收現金
產品／服務	優惠時段、兒童菜單、可單點咖啡、可單點酒精飲料、吃到飽、咖啡、啤酒、在地食材、外套寄放服務、宵夜、小菜、招牌菜套餐、提供無麩質料理、提供素食料理、有機料理、沙拉吧、清真食品、烈酒、熱茶、精釀啤酒、經認證的猶太潔食、葡萄酒、蘋果酒、辣味料理、酒精飲料、酒精飲料優惠時段、雞尾酒、餐點優惠時段、點字菜單
無障礙程度	無障礙停車場、無障礙入口、無障礙座位、無障礙洗手間、無障礙電梯
規劃	LGBTQ友善空間、接受訂位、跨性別友善空間、需要預訂
客層族群	LGBT、適合闔家光臨
特色	壁爐、室外雅座、提供現場音樂演奏、由女性經營、運動、頂樓座位
設施	Wi-Fi、兒童輔助座椅、兒童高腳椅、性別友善洗手間、洗手間、適合兒童、附設酒吧
用餐選擇	午餐、可內用、可外送、外賣餐廳、座位、早午餐、早餐、晚餐、甜點、預訂餐點、餐桌服務、餐飲服務

另外，商家可選擇／宣傳的只有上述這些「特定的事實屬性」而已。至於「環境舒適」、「氣氛悠閒」之類的主觀屬性，則取決於光顧過的Google使用者所給的意見，自動標示在「Google地圖」的商家檔案上。

10 登錄所在地點／服務範圍

★ 編輯「商家所在地點」

點一下「資訊」項目的畫面中央，貴店地點右邊的「鉛筆」圖案。

我們可以在這裡編輯「商家所在地點」。商家所在地點就是店鋪的位置。如果已完成驗證，所在地點應該已經填好了。另外，Google在說明中提到「如果您不在商家地址為客戶提供服務，請不要填寫地址欄位，輸入服務範圍即可」，因此像「到府整復推拿」、「到府理容」這類非店鋪型（無店面、到府服務型）的生意也可以運用「Google我的商家」。假如是這種情況，就改到下一項的「新增服務範圍」登錄提供服務的區域。

★ 編輯「服務範圍」

點一下「資訊」項目的畫面中央，「新增服務範圍」右邊的「鉛筆」圖案。

我們可以在這裡編輯「服務範圍」。面板上寫著「讓客戶知道您的商家在哪些區域提供送貨或其他服務」，如果是無店面／到府服務型的商家就填入提供服務的區域。

非店舗型（エリア限定サービス）

商品配達や出張型サービスの対象地域をユーザーに知らせます

地域を検索して選択します

東京、お台場

後から変更したり追加したりできます

キャンセル　適用

另外，以前可以用「與所在地點的距離」（例：距離總部半徑50公里）設定服務範圍，但目前改以城市或郵遞區號等資訊來設定服務範圍。

曾有學員在講座的問答時間詢問筆者：「我在自家經營『僅到府服務的整復推拿事業』，很想運用『Google我的商家』。請問我可以使用嗎？」如果是這種情況，只要採取上述「只輸入服務範圍」的方法，就可以在不公開自家地址的情況下運用「Google我的商家」。

● 各類商家的輸入方式總整理

商家類型	所在地點應輸入的項目
在實體店提供商品或服務的商家 （例）化妝品店	請輸入「商家所在地點」
只提供到府服務的商家 （例）到府理容	如果不在商家地址為顧客提供服務，請不要填寫「商家所在地點」，只輸入「服務範圍」即可
在實體店做生意，也提供送貨之類的服務 （例）經營咖啡廳，也會外送自家烘焙的咖啡豆	如果同時在商家地址和特定的服務範圍內為顧客提供服務，請一併輸入「商家所在地點」和「服務範圍」

登錄營業日／營業時間

★ 編輯「營業時間」

點一下「資訊」項目的畫面中央，「時鐘」圖案右邊的「鉛筆」圖案。

我們可以在這裡編輯「營業時間」。如同第1章的說明，Google極為重視網路使用者（狹義指Google使用者）的便利性。Google並不樂見「明明寫著本日營業才看著地圖前去光顧，結果店居然沒開！」這種狀況。因此，這個欄位可提供2種資訊：「公休日」以及營業日的「營業時間」。

餐飲店之類的商家，也有可能「午餐時段過後暫時休息，到了晚餐時段再開門營業」。如果是這種情況，可以點「新增營業時間」，設定成如下圖這個樣子。

如果營業時間不固定呢？

筆者在提供顧問服務時，曾有人諮詢這樣的問題：「雖然店確實有在營業，但營業時間不固定，沒辦法輸入準確的時間。」這種時候我常會建議客戶，採取「只填寫自己一定會在店裡的時間」這種做法。這樣一來，假使這個時間前後有客人光顧，只要店主在店裡當然就沒問題，不過就算店主不在也沒關係，只要店主確實會在標示的營業時間內顧店，就不算提供錯誤的「商家資訊」。另外，「營業時間」只能從星期日設定到星期六。如果要設定國定假日的營業時間，請到下一項「特殊營業時間」進行編輯。

★ 編輯「特殊營業時間」

點一下「資訊」項目的畫面中央，「日曆」圖案右邊的「鉛筆」圖案。

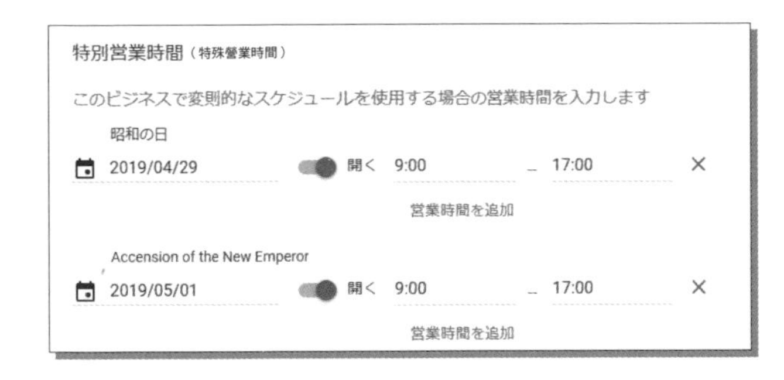

我們可以在這裡編輯，國定假日或特殊營業日的「特殊營業時間」。一開始會顯示近期的國定假日，假如當天不營業就設為「本日公休」，如果有營業就設為「本日營業」並輸入營業時間。另外，這個設定面板的最下方看得到「新增日期」這行字。只要點這行字，開啟月曆選擇日期，就能夠設定特殊營業日。舉例來說，如果是「星期一通常從9點營業到17點，但這個星期一是十週年慶，所以改成從8點營業到21點」，就可以在這裡設定特殊營業時間。

12 登錄聯絡方式

★ 編輯「電話號碼」

點一下「資訊」項目的畫面中央，電話號碼右邊的「鉛筆」圖案。

電話番号（電話號碼）

電話番号 1

0466-25-8351

電話番号を追加

キャンセル　適用

我們可以在這裡編輯「電話號碼」。電話號碼最多可登錄3組，如果貴店有分「總機號碼」、「預約專用號碼」、「洽詢專用號碼」等等就可以個別輸入。

★ 編輯「網站」

點一下「資訊」項目的畫面中央，「網站」右邊的「鉛筆」圖案。

URL

URL を入力してビジネス情報を改善します。公開中のウェブページの URL だけを入力してください。

ウェブサイト（官方網站）

https://8-8-8.jp/

面会予約の URL（預約網址）

https://ssl.form-mailer.jp/fms/7e0257a48790

キャンセル　適用

我們可以在這裡新增「官方網站或預約網頁的網址」。提供網址能夠製造，引導透過「Google我的商家」接觸自家店鋪的新顧客造訪官方網站的機會。假如貴店有經營自己的網站或部落格，請一定要新增「網址」。另外，「主要網站」與「預約連結」可以是不同的網址。

有些時候，商家資訊可能會自動顯示「Tabelog」之類特定的外部預約／預訂服務連結。這類連結無法透過「Google我的商家」管理畫面進行編輯。

自動連結外部預約／預訂服務時，會呈現如上圖的畫面

13 登錄商家專頁的網址

★ 編輯「商家檔案簡稱」

點一下「資訊」項目的畫面中央，「@」（at符號）右邊的「鉛筆」圖案。

プロフィールの略称

Google マップや Google 検索で見つけやすい略称を設定してフォロワーを増やしましょう。 詳細

略称は 1 年に 3 回まで変更できます。

略称を入力してください

nagatomojimusho

15/32 文字

キャンセル　適用

我們可以在這裡進行設定，並縮短商家專頁（商家檔案）的網址。「Google地圖」上各家店的商家檔案原本就有自己專屬的網址，例如「https://goo.gl/maps/Cjf6jhAi2fh5sFi」（此為說明用的虛構網址）。不過，這個專屬網址是由一串無規則可循的亂碼組成，要「讓人記住」似乎有點困難。反觀筆者經營的「網頁顧問永友事務所」，已在「Google我的商家」設定了「商家檔案簡稱」，因此商家檔案網址就變成這樣：

▶https://g.page/nagatomojimusho

設定商家檔案簡稱的好處不少，例如：

▶在名片上標記網址
▶在傳單上標記網址

在上述這種時候，網址就變得好寫又好記。另外，將來說不定只要在「Google地圖」搜尋「@nagatomojimusho」，就會馬上顯示「網頁顧問永友事務所」的商家檔案。

14 登錄服務（菜單）內容

★ 編輯「服務（菜單）」

點一下「資訊」項目畫面中央的「服務」。另外，如果是餐飲業之類的商家則會出現「菜單」，不過兩者要填的東西是一樣的。

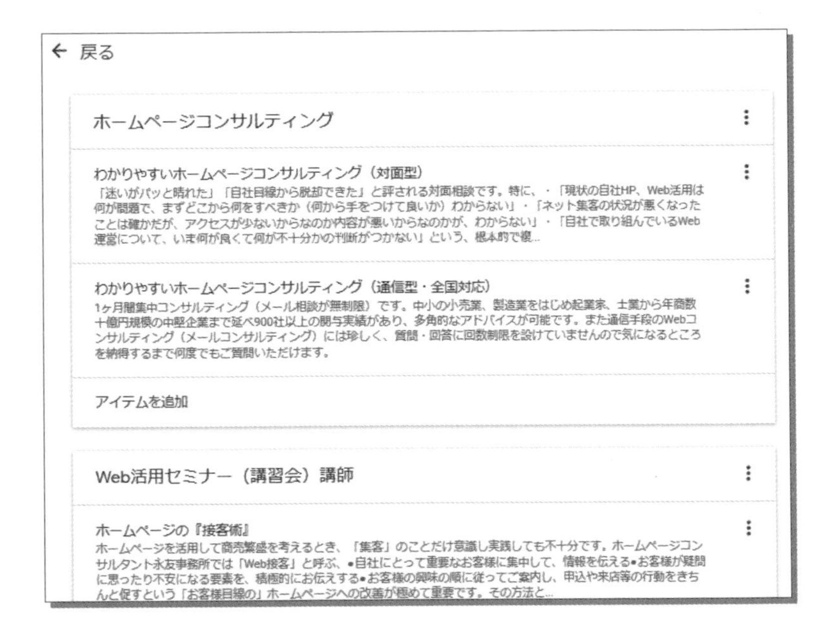

我們可以在這裡填寫「自家公司提供的服務詳情」。根據筆者的顧問實務經驗，很多商家都沒有填寫「服務」欄，個人認為這樣實在太浪費了。

筆者從第1章就不斷強調，「運用『Google我的商家』時，擠進『搜尋結果的前3排』是很重要的。若要達成這個狀態，重點就是要『詳盡地』提供『正確的商家資訊』」。如果有認真填寫前面說明過的「商家名稱」、「類別」、「商家所在地點」與「營業時間」，那麼資訊量應該就跟其他商家差不多了。至於這個「服務」欄，則是可以「詳盡地」填寫自家公司提供的商品或服務的機會。而且，由於目前認真填寫這個欄位的商家並不多，只要在這個欄位提供資訊就能讓人留下深刻的印象。

關於專區與商品

「服務」是由專區與商品這2個項目構成的。右圖是實際輸入這些項目後顯示的畫面。

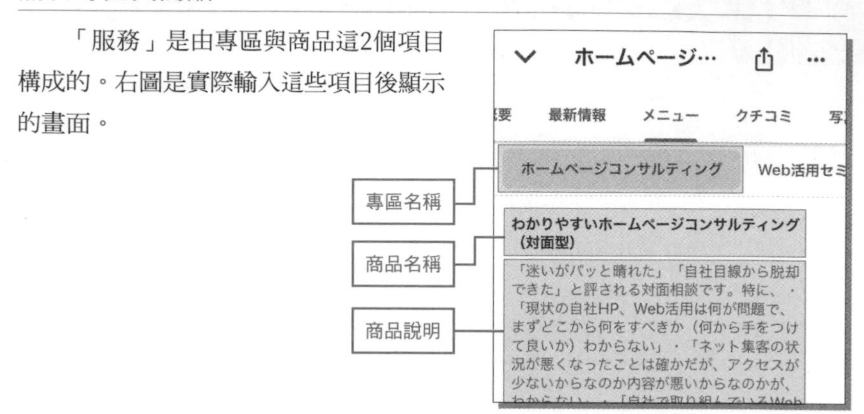

手機版的「服務（菜單）」畫面

輸入項目	概要
專區名稱	服務的大分類，最多可輸入140個字元。 以壽司店為例 ・聚餐
商品名稱	專區裡的各個服務項目，最多能夠輸入140個字元。「商品價格（JPY）」不用輸入也沒關係，可以日後再更新。 以壽司店為例 ・初食儀式的餐會
商品說明	「商品名稱」所填之商品的詳細說明，最多能夠輸入1000個字元。另外，輸入在商品說明裡的網址（URL）並不會變成超連結。 以壽司店為例 ・要不要在「壽司店」為孩子的「初食儀式」舉辦慶祝餐會呢？現在有越來越多的家庭，選擇同時慶祝初食儀式與初次參拜。我們的和式包廂座位採用好坐的四腳椅，能讓顧客好好放鬆休息。此外也能幫忙為孩子的手足準備便當。我們有提供簡易嬰兒床與玩具。本店雖然可從神社徒步抵達，但一樣有停車場供顧客使用。

編輯「服務」欄的方法

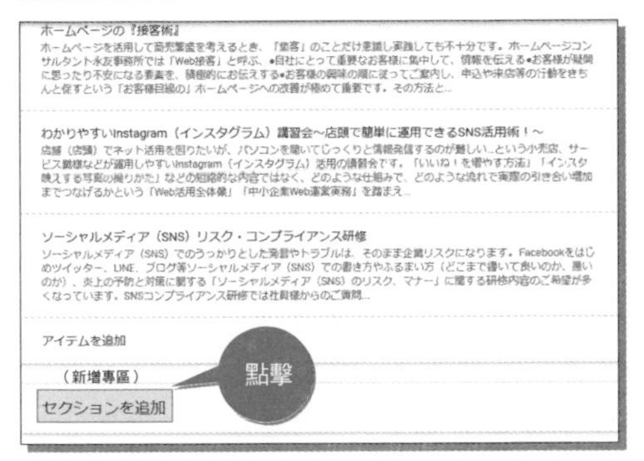

步驟① 先點一下「資訊」項目畫面中央的「服務」（或者是「菜單」），再點「新增專區」。

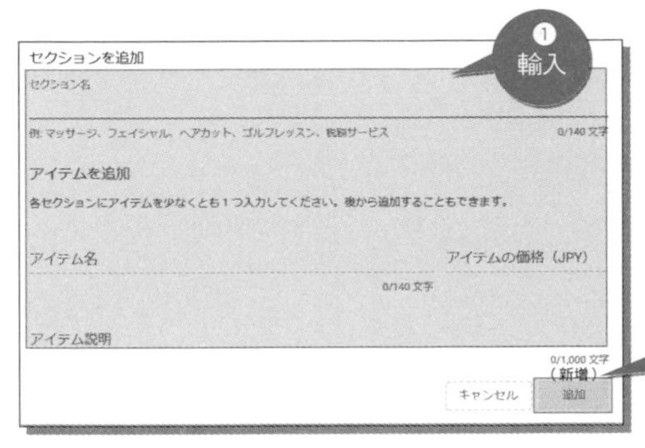

步驟② 出現「新增專區」、「新增商品」等項目，填寫各個欄位。填寫完畢就點「新增」。

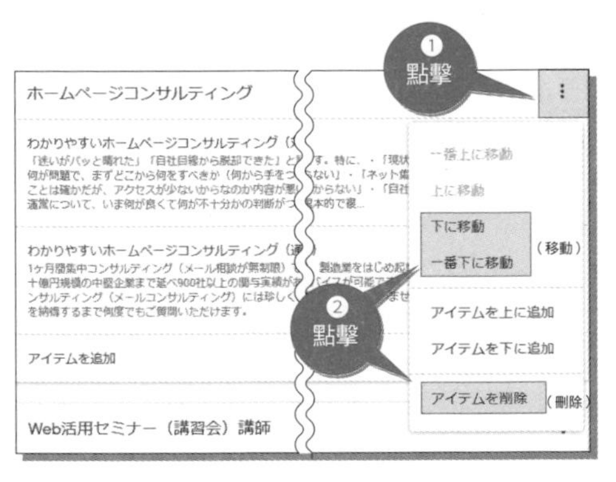

步驟③ 我們可以變更專區與商品的顯示位置，或是刪除這些項目。點一下專區或商品右邊的「…」符號，再選擇「移動」或「刪除」即可。

另外，由於「Google我的商家」經常改版，請各位仔細查看實際的管理畫面，參考上述說明酌情編輯「服務（菜單）」。

15 登錄商家描述

★ 編輯「商家訊息」

點一下「資訊」項目畫面中央的「新增商家描述」。

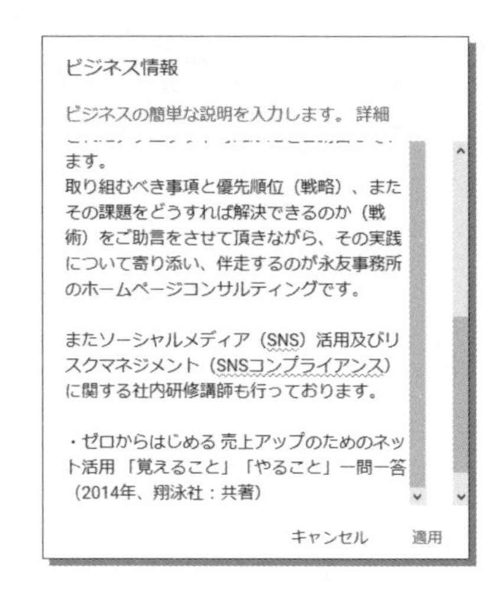

「商家訊息」是用來宣傳商家所有業務的欄位，最多可輸入750個字元。「我們將以充滿朝氣的笑容迎接各位」、「請務必光臨本店!!」、「我們將為各位帶來快樂生活」等等都是常用的行銷宣傳詞句，但關鍵字（詞）缺乏具體性，不太適合用在這裡。若要增加在「Google地圖」與「Google搜尋」上曝光的機會，描述內容就得多用與搜尋字詞的關聯性較高的詞句，因此留意「有可能會被搜尋的關鍵字（搜尋字詞）」，是撰寫「商家訊息」時的重點。

這裡就介紹「薩摩屋本店」的「商家訊息」，供大家做個參考。內容不僅留意到有可能會被搜尋的關鍵字，字數也夠多，寫得非常好。

「薩摩屋本店」的商家訊息

『以平易近人的和食壽司店為目標』

創立於昭和30年的薩摩屋本店，是藤澤市內歷史最悠久的壽司店，多年來深受在地顧客的愛顧。

本店選用在地食材，消費門檻低，一人份最低只要990日圓，即可享受專業壽司師傅的手藝，品嘗美味的壽司飯（醋飯）。

「薩摩屋」創立於戰後昭和30年，最初為便當店，之後順應時代潮流，於1955（昭30）年成立股份有限公司。

1969（昭44）年公司大樓落成，在當時是當地第一棟三層樓建築。

而後公司大樓改稱為南洲會館，並且附設「結婚會場」。

之後變成了「宴會廳」，泡沫經濟期以後，公司開始經營套房租賃業。

除了壽司以外，本店亦提供蓋飯、和食、宴席料理、鹿兒島鄉土料理、薩摩炸魚餅、松花堂便當等等。

「無論白天還是晚上，皆提供10種990日圓餐點」，只要花小錢就能嘗到現做的美味。

2010年2月，店面內外重新裝修，鋪著榻榻米的日式包廂以紙拉門區隔，採用高度較高的餐桌與餐椅，並設有52吋電視螢幕。

無論是年長的顧客，或是有小孩的家庭都覺得相當舒適。

提供簡易嬰兒床，兒童也可借用玩具、畫圖本、色紙。

本店位在舊東海道沿線，附近也有不少寺廟、神社與歷史景點。

許多顧客都選擇在本店舉辦初次參拜、初食儀式、七五三、訂婚、慶生會、喜事或法事結束後的聚餐。

附近的藤澤公民館等社團，以及當地的家長會、幼稚園、托兒所、媽友會等等的聯誼會、宴會也常在本店舉辦。

『專業壽司師傅的壽司教室』自2009年開辦至今，已有大約8000名日本民眾及外國人士參加。

3歲至80幾歲的新手與老手，都能快快樂樂地動手製作美味的壽司。

隨時歡迎各位報名參加！

本店設有免費停車場。

★ 編輯「開幕日期」

點一下「資訊」項目畫面中央的「新增開幕日期」。

我們可以在這裡輸入自家店鋪開幕的日子。不過現階段，「開幕日期」並不會顯示在電腦版與手機版的「Google地圖」上，因此不填也沒關係。

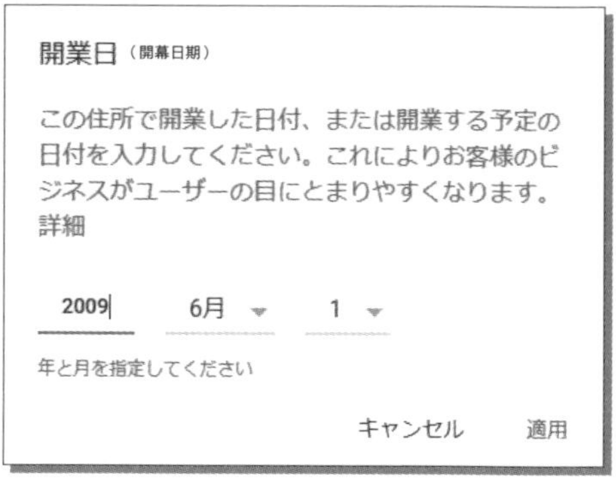

開業日（開幕日期）

この住所で開業した日付、または開業する予定の日付を入力してください。これによりお客様のビジネスがユーザーの目にとまりやすくなります。詳細

2009 6月 1

年と月を指定してください

キャンセル 適用

16 到商家專頁檢查登錄的資訊

本節要介紹的是，如何在管理畫面檢視實際的商家專頁（商家檔案）。不過，在「Google我的商家」輸入（變更）的資訊有時不會即時更新，請各位要多加注意。

★ 顯示商家專頁

如果要檢視自家店鋪的資訊，目前在「Google地圖」與「Google搜尋」上是如何呈現的，只要從「Google我的商家」管理畫面右邊的「您的商家已經成功登上Google」這個欄位就能查看。點擊「透過Google地圖查看」或「在Google搜尋上查看」，便能檢視實際刊登在「Google地圖」與「Google搜尋」上的貴店資訊。

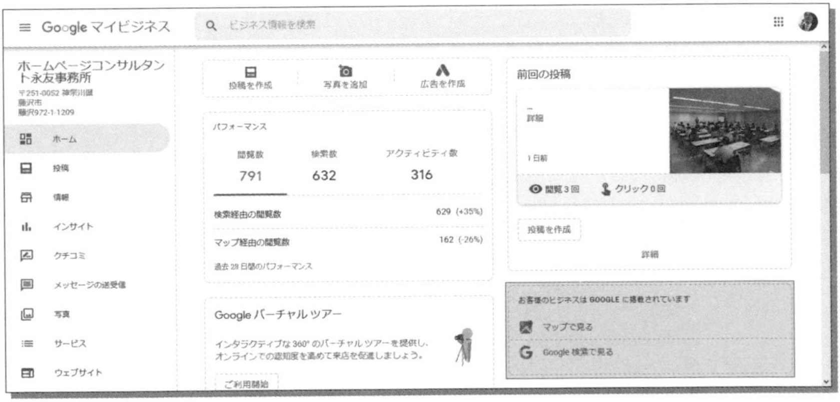

當然，各位也可以跟一般使用者一樣，在「Google地圖」或「Google搜尋」上，試著搜尋商號或「行業＋地名」等關鍵字。

★ 顯示的項目依搜尋方式而不同

不過，即便都是自家店鋪的資訊，「Google地圖」與「Google搜尋」顯示的項目卻有些不同。舉例來說，右圖是神奈川縣鎌倉市的精品店「MAR」。這是一家頗受歡迎的精品店，販售的商品既高雅，又帶點溫馨療癒的風格。首先看到的是，在「Google地圖」應用程式輸入「MAR」，進行指名搜尋時的畫面。畢竟是地圖應用程式，周邊地圖比較大，而且「路線」按鈕也很醒目。

接著，是在「Google」應用程式指名搜尋「MAR」時的畫面。「特色（屬性）」（由女性經營、高評分）一目了然，此外也刊登了「商家訊息」。2019年8月當時，「商家訊息」似乎不會顯示在「Google地圖」應用程式上，只能從「Google」應用程式查看。（譯註：目前「Google地圖」也會顯示商家訊息了。）

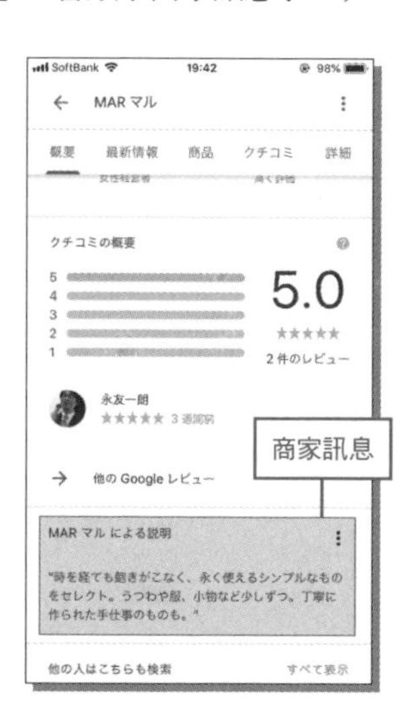

「會顯示什麼樣的內容」，今後很可能又會隨著Google改版而改變。不過筆者認為，持續關注「一般使用者是如何查詢自家店鋪的，以及自家店鋪的資訊又是如何呈現的」，對網路行銷乃至經營策略而言也是很重要的。

直接從搜尋結果頁面管理

如果已登入「Google我的商家」帳戶，就可以直接從「Google搜尋」（指名搜尋）的搜尋結果頁面管理部分項目。能夠使用這項功能的人，只有商家檔案的擁有者與管理員而已（參考P.171）。詳情請看Google的說明（https://support.google.com/business/answer/7039811）。

進行指名搜尋時，最上層會顯示資訊主頁。當然，一般使用者並不會看到這個畫面

COLUMN 2

Google Ads是什麼樣的服務？

每次説到「『Google我的商家』是可免費使用的工具」時，不少中小企業經營者都會問：「為什麼Google要免費提供這種高階服務呢？（是不是有什麼陷阱……）」

直接了當地説，答案就是「為了增加廣告收入」。Google的事業大部分是靠「廣告」支撐的。雖然大多數的使用者（商家）都是免費使用Google的服務，但只要其中一小部分的人刊登「廣告」就能夠獲得收入。這就是俗稱的「免費策略」。換句話説，「Google免費提供『Google我的商家』讓大家使用」的目的，應該是要增加願意刊登廣告的分母（＝商家）數量。

右圖是用智慧型手機的「Google」應用程式，搜尋「繼承諮詢　橫濱」時的畫面（2019年6月當時）。看得出來，刊登廣告的企業就排在，比前面一再提及的「搜尋結果的前3排」「更上面」的最醒目位置上。在Google刊登廣告的服務就稱為「Google Ads」，刊登廣告需要付費。到「Google我的商家」管理畫面，點擊「首頁」畫面上的「製作廣告」，就能輕鬆刊登廣告。

刊登廣告的企業會排在醒目的位置上

第 3 章

與競爭對手拉開差距的「進攻」運用技巧

17 相片的數量／品質決定集客的成敗

首先請看下面的相片。

這是用電腦版的「Google地圖」搜尋某地的「美髮院」時，其中一家美髮院的「主相片」。看起來冷冷清清的，鐵捲門也拉下了，讓人搞不清楚美髮院在哪裡。在「Google地圖」上，不少商家都是以這種「不知道是誰拍的風景照」為主的相片。這種相片稱為「街景服務圖像」，是Google派特殊的車子在大街小巷穿梭，以能夠360度攝影的相機拍攝，然後在網路上公開。

如同前述，目前仍然有許多商家尚未進行「Google我的商家」之「驗證」。假如商家沒完成驗證，而且也沒有使用者上傳相片，那麼商家的主相片必定會是這種「街景服務圖像」。

即便是這種畫面，依然能夠提供「這家店是否位在這條路上」之類的資訊。但是，畫面看起來實在太冷清，而且相片內容有時還可能是「幾年前的現場」，因而害顧客誤會。

★ 利用相片與其他商家拉開差距

我們先復習一下第1章的內容吧！

加入相片

您可以在商家資訊中加入相片，向使用者展示您的商品和服務，並進一步宣傳您的商家。新增符合實況且吸引人的相片，還可讓潛在客戶知道您的商家有他們需要的產品或服務。

（引用：https://support.google.com/business/answer/7091）

Google的意思是，若要提高「Google我的商家」商家資訊的刊登順位，就要「新增符合實況且吸引人的相片」。在「Google我的商家」加入吸引人的相片，而且數量要「豐富」（新增大量相片），這樣就能增加在「Google地圖」上遇見新顧客的機會。

況且，單靠名稱或所在地點這類一般項目很難與其他商家拉開差距，但「相片」要新增幾張都可以，因此多花點心思在「相片」上相當重要。我們能在「Google地圖」上看到其他商家的商家資訊。建議各位不妨觀摩一下，其他同業刊登了什麼樣的相片，而這張相片又有什麼用意。

公有道路的街景服務圖像不能更換

常有人問筆者：「本店的公有道路街景照拍的是數年前的景色。能不能更換相片呢？」筆者能明白這種心情，但Google並不會優先回應特定要求前來拍攝新相片。這種時候，建議先完成驗證，再自行上傳許多新相片會比較好。因為商家業主提供的相片，通常會比初期設定的街景服務圖像更優先顯示。

18 刊登與移除相片的基本原則

★「相片」欄的使用方法

我們來看「Google我的商家」中「相片」欄的使用方法吧！點一下「Google我的商家」管理畫面左邊的「相片」項目，就會出現「總覽」、「業者提供」、「顧客提供」、「360」、「影片」、「室內」、「外觀」、「工作實況」、「團隊」、「商家身分」等頁籤。

這個頁籤（相片的類別）因行業而異。例如餐飲店沒有「工作實況」、「團隊」這些類別，但有「食品和飲料」、「氣氛」、「選單」這些類別。相片的類別無法隨意新增。

另外，商家新增的相片會儲存在「業者提供」類別裡，一般使用者上傳的相片則會儲存在「顧客提供」類別裡。

★ 刊登相片的方法

步驟① 以下就來說明商家新增相片的方法。首先選擇想新增的相片類別。

步驟② 接著，點一下所選類別畫面裡的藍色「＋」符號。

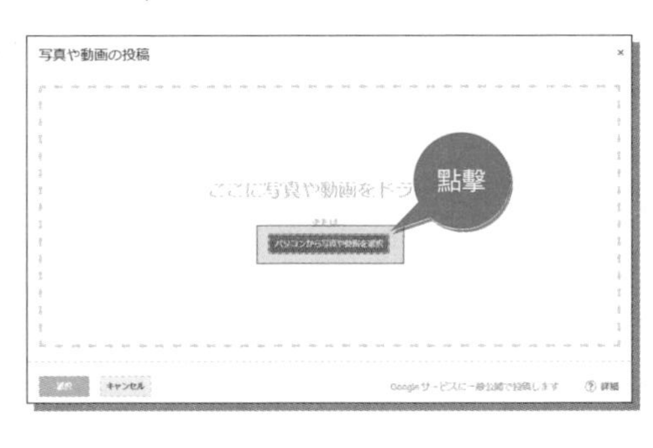

步驟③ 出現左圖的面板，點一下「選取電腦中的相片和影片」。

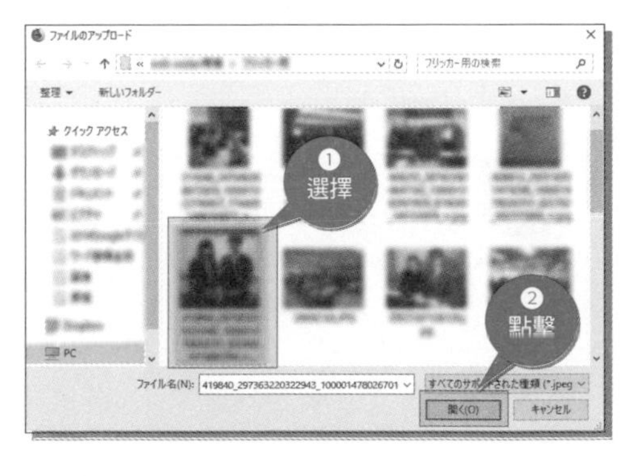

步驟④ 出現「開啟舊檔」小視窗，隨意選擇相片後，點右下角的「開啟舊檔」就能上傳相片。

最佳的相片大小與格式

常有客戶或講座學員問筆者：「應該準備多大的相片？」根據「Google我的商家」的說明（https://support.google.com/business/answer/6103862），「符合下列標準的相片在Google上呈現的效果最好」。

▶格式：JPG或PNG

▶大小：介於10KB到5MB之間

▶建議解析度：高度和寬度分別是720像素

▶品質：相片必須對焦清楚、光線明亮、未經明顯修改且不過度使用濾鏡；換句話說，圖片應該要反映實景。

若不要想得太複雜，筆者認為使用「智慧型手機拍攝的相片」是最合適的。當然，各位也可以刊登請專業攝影師拍攝的相片。如果有需要，各位不妨在「Google搜尋」或「Google地圖」上，搜尋「到府拍攝」尋找合適的攝影師

★ 移除相片的方法

商家上傳的相片是可以刪除的。另外，經常有人問筆者：「可以改變相片的位置（順序）嗎？」很遺憾，相片的位置不能變更。

步驟① 點一下「相片」項目下的「業者提供」，然後再點想刪除的相片。

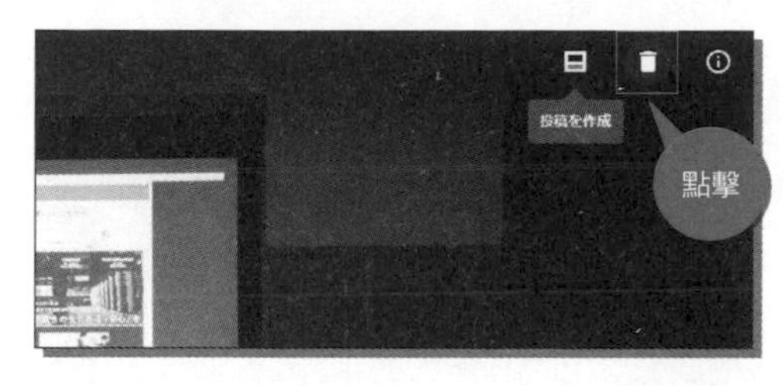

步驟❷ 這時相片會放大，接著點擊畫面右上角的「垃圾桶」圖案。

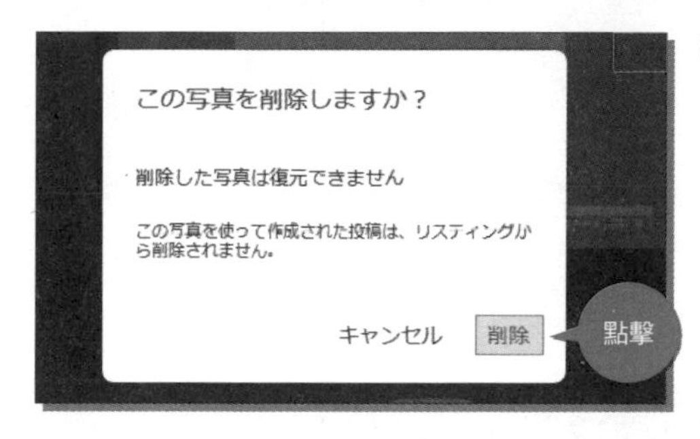

步驟❸ 點「刪除」。請注意，相片一經刪除就無法復原。

★ 使用者上傳的相片可以移除嗎？

有時使用者（顧客）會在貴店的「Google我的商家」上傳相片，這些相片有辦法刪除嗎？很遺憾，目前商家沒辦法直接刪除這類相片。不過，假如使用者上傳的相片違反了「Google地圖」的「相片內容規範」，就可以要求Google移除該張相片。「相片內容規範」包含以下幾點：

▶內容應如實反映在該地點的體驗
▶內容不得含有粗穢不雅或令人反感的言辭或手勢
▶不得為非法內容
▶不得為造假內容

如果貴店認為相片違反了上述規範，就可以點擊該相片右上角的「旗子」圖案申請移除。再強調一次，我們只能以這種方式「要求」移除，無法直接「刪除」相片。由於無法保證相片一定會移除，基本上還是「增加業者提供的相片」，降低該（使用者提供的）相片被看到的機會比較實際。

商品、外觀、內貌……該刊登的相片類型

那麼，我們應該在「Google我的商家」刊登什麼樣的相片呢？以下是筆者的看法。

商家的外觀

新顧客通常都是根據外觀（建築物的外貌、招牌）來決定要不要造訪。因此，希望各位可以重新拍攝「建築物的外貌」、「招牌」等相片。另外，「入口有無高低落差」之類的細節相當重要。

薩摩屋本店刊登的是很有現代感的外觀相片。店外掛著的布簾顯示此地位於「藤澤宿」（東海道五十三次的第6個驛站），讓人印象深刻。另外也可以從相片看出，入口似乎沒有高低落差，要將嬰兒車推入店內應該不難。

座位區全貌

新顧客通常會根據座位區的全貌照，判斷「嬰兒車能不能推進去」、「能不能辦宴會」之類的問題。另外，他們應該也會看相片判斷商家的氣氛，是高格調還是親民。就拿筆者個人的狀況來說，筆者的右膝不太好，很難長時間坐在鋪著榻榻米與坐墊的日式座位上用餐。因此，在「Google地圖」上查找餐飲店時，尤其是要舉辦宴會的情況，筆者會將店內相片看過一遍，非常仔細地查看該店的日式座位有無可放腳的凹槽。如果無法確定有無可放腳的凹槽，就會將這家餐飲店排除在名單之外。

我們可以從薩摩屋本店的相片看出，該店的座位採用的是「餐桌配餐椅」。此外包廂裡面還有電視螢幕，應該能夠有效運用，例如舉辦感謝會、歡送會時可以播放DVD。

商品的相片

非業者的一般使用者，也可以在貴店的「Google我的商家」新增相片。假如這位顧客的拍照技術很好當然就沒問題，但要是顧客不太會拍照，不好看的相片就會一直刊登在貴店的「Google我的商家」上。畢竟相片會直接影響到商家給人的印象，既然要拍就得拍出好看的商品相片。如果是餐點的相片，基本上建議別從正上方拍攝，以傾斜角度拍攝會比較好。

戰後創立的薩摩屋本店最初是一家便當店。不過現在除了壽司外，也有提供天麩羅蓋飯、豬排蓋飯、鹿兒島鄉土料理等等。光線明亮、以傾斜角度拍攝的相片，能夠激發觀看者的食慾。

另外，雖然這裡是以餐飲店為例進行說明，不過關於「最重要的宣傳相片」，例如餐飲店的店內相片與餐點相片，只要站在「初次造訪的顧客」角度拍攝與刊登應該就沒問題了。筆者將之稱為「『商家的當然是顧客的新鮮』法則」。舉例來說，假設某家化妝品店設有2張美容床，對商家來說這是理所當然的，但是顧客卻會覺得：

「咦！這裡不只能買化妝品，還可以做美容護膚嗎？」
「咦！這裡可以兩個人同時做美容護膚嗎？（不如找朋友一起去吧……）」

尤其對新顧客而言，他們或許會覺得非常新鮮與驚奇。

「這種事，本地的顧客都知道吧……（所以用不著特別拍攝吧。）」
「這項商品以前就有了，大家都知道吧……（所以用不著特別拍攝吧。）」

請別抱持上述這種想法，一定要站在「考慮造訪貴店」的新顧客立場刊登相片喔！

拍攝停車場的相片

開車過來的顧客，就算是看著車用導航前往貴店，他們的最終目標應該都是「停車場招牌」才對。如果刊登了停車場的相片，顧客會覺得貴店非常貼心。

拍攝員工的相片

在網路上，「人的氣息」是相當重要的元素。「感覺得到人」的相片，能讓觀看者更覺得親切與親近。

另外，「Google我的商家」的說明（https://support.google.com/business/answer/6123536）雖然提到，上述這些類型的相片「至少要加入3張」，但實際上就算沒上傳某一類別的相片也不會有問題。例如筆者經營的是個人事務所，自然沒辦法上傳「團隊相片」，而「Google我的商家」的資訊也不會因此遭到移除或無法刊登。無論如何，用來向顧客宣傳的相片請以「盡量多放幾張」為原則。

20 最適合當作封面與標誌的相片

「相片」項目下的「商家身分」，可以設定「封面」與「標誌」這2種醒目的相片。

「相片」項目下的「商家身分」畫面

設定為「封面」的相片，大多顯示在商家資訊中最醒目的位置上，設定為「標誌」的相片，則會變成地點名稱右邊的圓形圖示（以智慧型手機觀看時）。

兩者都是能加深自家店鋪給人的印象，讓使用者記住自家店鋪的重要相片。請各位抱著輕鬆愉快的心情發揮巧思，上傳最合適的相片吧。兩者都可以不斷更換相片。

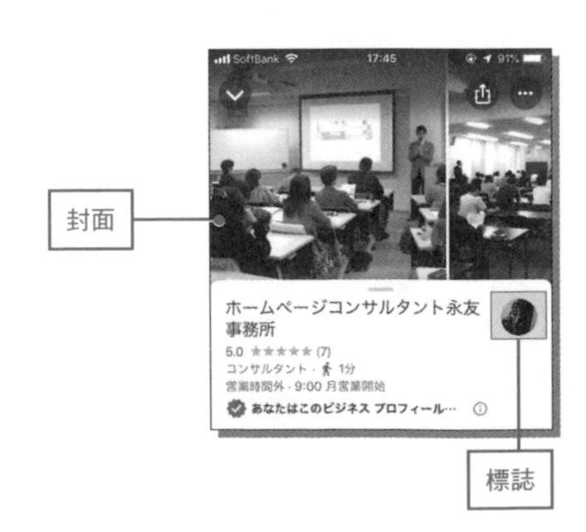

★ 挑選封面相片的方法

「封面」是極有可能顯示在商家專頁「最上層」的相片，因此觀看次數必然也非常多。

▶店主呆呆站著的相片
▶招牌的特寫相片

如果封面使用的是上述這樣的相片，感覺會有點可惜與浪費。

▶如果是溫泉旅館，應選擇引以自豪的露天浴池或招牌菜、風雅的外觀等相片
▶如果是美睫店或美甲沙龍，應選擇好看的作品相片
▶如果是皮革製品修繕店，應選擇修繕前後的對照相片

總之，封面要選擇最能展現自家店鋪價值的相片。隨著季節更換封面也別有一番趣味。

另外，就算商家設定了封面相片，偶爾還是有可能發生，使用者上傳的相片成了「最醒目的相片」的情況。這一點是沒辦法嚴加控制的，還請各位見諒。

★ 挑選標誌相片的方法

「標誌」就相當於大頭貼照，尺寸比較小。因此，不適合使用以下的相片：

▶畫面裡含有各式各樣的東西，也就是內容雜亂的相片
▶招牌、門牌等以「文字」為主的相片

最適合當作標誌的，反而是以下這種簡單又能留下印象的相片：

▶標誌圖案
▶店主的大頭照

COLUMN 3

樂意在「Google地圖」上發表評論／上傳相片的人

前面提到「有時一般使用者也會幫貴店上傳相片」，所謂的「一般使用者」是誰？答案就是「Google在地嚮導」。

> 「在地嚮導」這個社群是全球各地探險家的大本營。這群人樂於在Google地圖上撰寫評論、分享相片、解答在地相關問題、增添或修改地點相關資訊，以及查證內容。許多消費者會上網查看這類當地資訊，尋找值得前往的地點或值得參加的活動。
>
> （引用：https://support.google.com/local-guides/answer/6225846）

只要是年滿18歲的Google使用者，都可以加入「Google在地嚮導」。其實筆者也是一名「在地嚮導」，平常都會給在地或出差地的商家或景點「寫評論」與「評分」，有時還會上傳「相片或影片」。執筆當時，筆者已對1831個地點發表評論，上傳382張相片，而相片的總觀看次數超過86萬次。

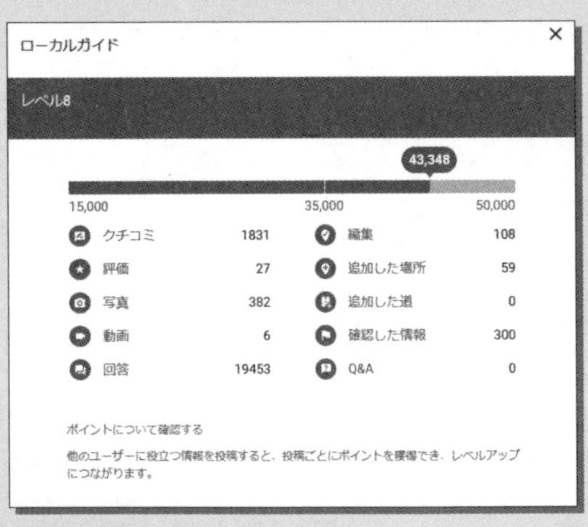

筆者的「Google在地嚮導」畫面

那麼，筆者為什麼要發表這麼多則評論呢？（是不是因為很閒？）之前筆者不曾認真思考過這個問題，現在重新整理自己的想法後，發現自己是抱著以下的心情成為在地嚮導，積極發表評論與分享相片的。

- ▶假如自己造訪過的地方「相片」不多，就會主動分享相片，以幫助其他初次造訪的人（想解決資訊不足的問題）
- ▶希望自己拍攝、上傳的相片，可以吸引更多人光顧那家店（筆者常會幫想聲援的店家上傳相片）
- ▶上傳相片與發表評論都可以增加在地嚮導的「積分」，看到積分變多心情就很愉快（玩遊戲的感覺）

總而言之，雖然沒有「獲得報酬」之類直接的好處，筆者仍為了「自我滿足」而持續上傳相片。另外，Google有時會寄相當於「獎勵」的電子郵件給在地嚮導。儘管不知道這對於提升在地嚮導的動力有多大的幫助，不過看得出來Google不惜提供「獎勵」，也要賣力蒐集在地資訊，實在是耐人尋味。

Google會員服務「Google One」免費試用12個月的通知信

21 使用修圖軟體讓相片更好看

我們可以認為，查看「Google地圖」上商家「相片」的使用者，並不是漫無目的在網路上亂逛，而是為了「挑選商家」這個目的才上網的。簡單來說，他們是根據相片的氛圍與評論，來判斷「這家店是否適合自己？」、「是不是自己想去的店？」。就這層意義來看，做生意的人當然希望相片能更好看一些。雖然現在的智慧型手機能拍出非常漂亮的相片，但假如相片「還可以更好看一點」，建議各位不妨挑戰一下修圖。

★ 用「Snapseed」應用程式修圖

筆者平時很愛用「Snapseed」應用程式（iOS版／Android版）。本節就來教大家如何下載Snapseed，並以這款應用程式編輯用手機拍攝的相片。

步驟① iPhone版請點「App Store」應用程式，Android版請點「Google Play」應用程式。

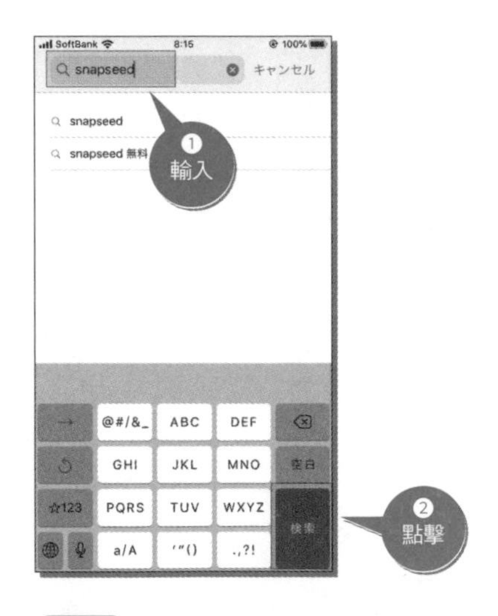

步驟② 在應用程式內的搜尋列中輸入「snapseed」，然後點「搜尋」。

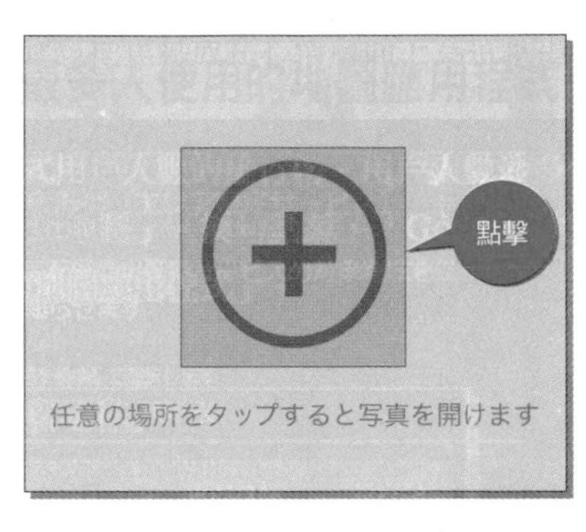

步驟❸ 找到「Snapseed」應用程式後，iPhone版請點「取得」，Android版請點「下載」。

步驟❹ 啟動應用程式後，點擊「＋」符號，允許手機存取相片。接著，從相機膠卷（Android版則是從「相簿」）中選擇想編輯的相片。

步驟❺ 想省事、輕輕鬆鬆就讓相片變得好看，那就先點選「樣式」，再套用「Portrait」、「Smooth」、「Pop」這類「已事先設定好的修圖方式」就好。以「Pop」為例，套用後相片會變得更明亮，色彩也變得更鮮豔。

步驟❻ 反之，如果想細緻地修圖就點「工具」。畫面上會出現各種修圖方式的按鈕，請自行選擇想用的修圖方式。這裡就以最具代表性的「影像微調」為例進行說明。請點「影像微調」。

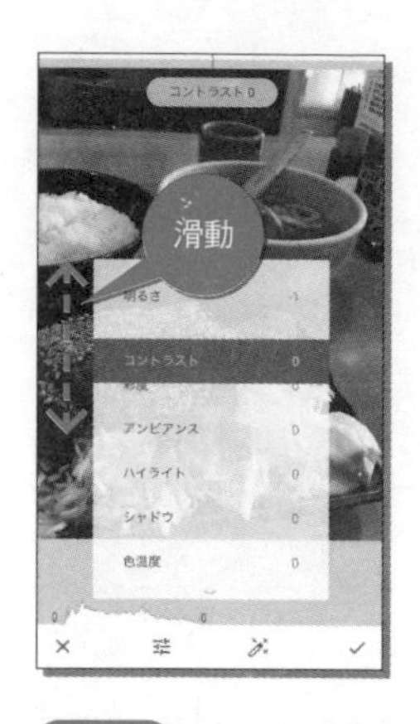

步驟⑦ 手指在相片上慢慢地垂直滑動，就能看到編輯選單。

編輯選單	可調整內容
亮度	讓整張圖片變暗或變亮。
對比度	提高或降低圖片的整體對比度。
飽和度	增加或減少圖片的色彩鮮明度。
環境光源（氛圍）	透過變更對比度， 調整圖片整體的光線平衡。
高亮度	針對圖片中的高亮度部分調暗或調亮。
陰影	針對圖片中的陰影部分調暗或調亮。
色溫	為整張圖片加入暖色調或冷色調的色偏。

（表格是根據Snapseed說明中心「https://support.google.com/snapseed/answer/6157802」製作而成）

步驟⑧ 從上述編輯選單選取其中一個項目後，只要手指水平滑動就能調整修飾效果。往右滑是「＋」，往左滑是「－」。例如選擇「亮度」後，往右滑相片就會變亮，往左滑則會變暗。此外也可以組合數種修飾效果。

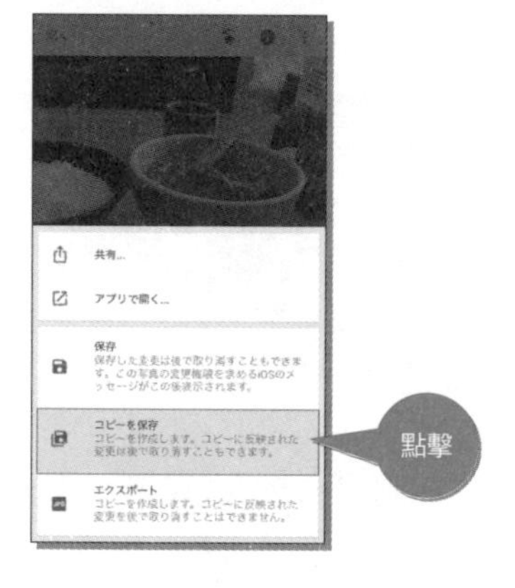

步驟⑨ 編輯完畢後，點畫面右下角的勾號結束作業。接著，點畫面右下角的「匯出」，就會出現儲存的選項與說明。如果想同時保存原圖與編輯過的相片，就點「儲存複本」。

22 讓相片變得更好看的修圖方式

★ 筆者推薦的修圖方式

話說回來，筆者也有經營個人的Instagram，發布的相片全都用Snapseed編輯過。本節就來介紹筆者推薦的修圖方式，以及修圖順序和用意。

筆者的Instagram畫面

步驟① 首先來看「旋轉」。按下旋轉按鈕就會進入「校正角度」畫面。假如原始相片歪歪的，這時Snapseed就會自動調整角度。像建築物這類有明顯的垂直線與水平線的相片，如果畫面歪歪的，特別有可能讓人覺得是「失敗照」。因此，「旋轉」可說是不起眼但很重要的修圖方式。

步驟② 接著來看「裁剪」。這麼做的目的並不是要裁剪掉相片的一部分，而是要去除拍攝主體周圍「不需要的部分」。裁剪又稱為「裁切」，是最基本的修圖方式。

步驟❸ 接著來變更「影像微調」的「亮度」。大部分的相片，只要亮度充足就很好看。不過，並不是只要調亮所有的相片就好，如果想使用「暈影」（參考步驟❽）突顯拍攝主體，就要降低整張相片的亮度（調暗）。另外，所有的修圖方式，無論加還是減，調到「20」就差不多是極限了。如果超過這個數值，可能會讓人覺得「修過頭了」。

步驟❹ 接下來用「影像微調」的「飽和度」調整色彩鮮明度。修圖一般都是將飽和度調高，幾乎不會調低。基本上先調到「＋10」左右，看看效果如何。調到「＋20」以上的話，色彩鮮明度會太高，看起來反而不自然。

步驟❺ 接著用「影像微調」的「高亮度」，突顯高亮度部分（白色部分）。白色還是要夠白夠乾淨，看起來才會漂亮。

步驟❻ 接著來看「影像微調」的「色溫」。調高（往右）會變成「暖色調」，調低（往左）則會變成「冷色調」。雖然這跟喜好有關，但一般而言食物的相片大多會調高色溫，而靜物（玻璃類、小東西、建築物等等）則大多略微調低色溫。

步驟7 接下來使用「鏡頭模糊」。鏡頭模糊是調整焦點突顯拍攝主體的修圖方式。首先把藍點移動到相片中想突顯的部分，再使用雙指撥動手勢調整圓圈大小與形狀，決定模糊範圍。之後手指往右滑，加強模糊效果。這個效果如果調過頭，同樣會顯得很不自然，因此適可而止就好。

步驟8 接著來看「暈影」。暈影是將拍攝主體的周圍（相片的外部）調暗的修圖方式。使用暈影的話，拍攝主體看起來反而會比較亮，因此能讓人印象深刻。

步驟9 最後來看「魅力光暈」。根據Snapseed說明中心的解說（https://support.google.com/snapseed/answer/6158226），魅力光暈的效果是「在圖片中加入柔和迷人的光暈，創造出夢幻氛圍」。
簡單來說，就是讓相片變得柔和、有點夢幻，營造出高級感。珠寶或高級料理之類的相片，建議使用魅力光暈來修飾。

另外，「Google我的商家」說明中心的「相片規範」（https://support.google.com/business/answer/6103862）中提到，「應避免明顯修改以及過度使用濾鏡」。因此，請大家要避免修改到不自然的程度，或是色調、飽和度過度偏離實物或實景。

能夠發布最新資訊的「貼文」功能

★ 使用「貼文」功能與其他商家拉開差距

「Google我的商家」並不是只能固定刊登商家的資訊。我們還可以使用「貼文」功能，發布商家的「通知」。中小企業與店家在運用「Google我的商家」時，最容易製造差異的，應該就是這項「貼文」功能。筆者身邊有越來越多的業者開始使用「Google我的商家」，但仍有許多業者不曾使用「貼文」功能，或是根本不知道有這項功能。因此，筆者希望拿起本書的各位，一定要使用「貼文」功能，而且要持續運用，與其他商家拉開差距。

★ 貼文刊登在哪裡？

發布之後，貼文會刊登在什麼地方呢？最好找的位置就是，在貴店的商家訊息之下，顯示電話號碼與營業時間等資訊的欄位下面。使用者只要點一下發布的貼文就能閱讀內容。

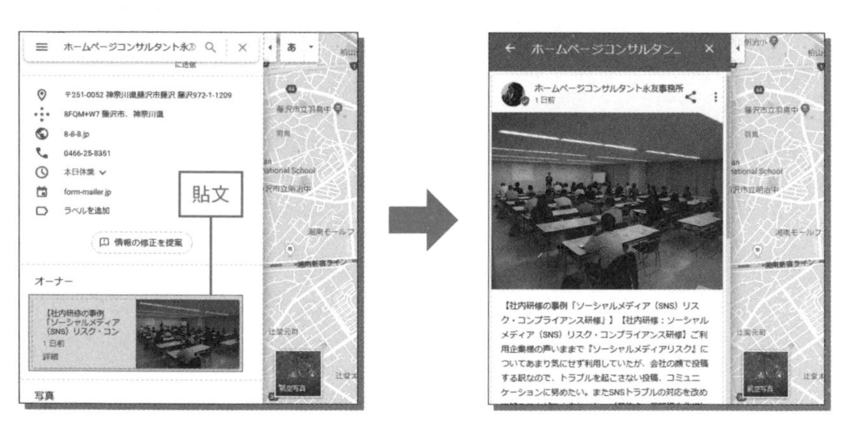

只要點一下貼文，就會顯示貼文的內容

貼文裡可以加上「瞭解詳情」之類的按鈕。也就是說，我們可以將使用者導向官方網站或部落格、LINE官方帳號等等。關於這個部分稍後會再說明。

另外，若是使用手機版的「Google地圖」，畫面最下方會出現「探索」、「通勤」、「為你推薦」等頁籤。點一下當中的「為你推薦」，「Google地圖」就會提供可推薦給該使用者的地點資訊，而貴店發布的貼文，有時會出現在這個「為你推薦」的資訊欄裡（當這名使用者與貴店的關聯度很深時）。

「Google地圖」應用程式右下角的「為你推薦」分頁，有時也會顯示貼文

無論如何，既然可以發布「貼文」，向那些對自家店鋪很感興趣，或是在地圖上尋找類似商家的人宣傳，我們應該要積極使用這項功能。另外，使用電腦版「Google搜尋」查詢「店名」時，「貼文」也會出現在畫面右邊的「商家檔案」版位裡。

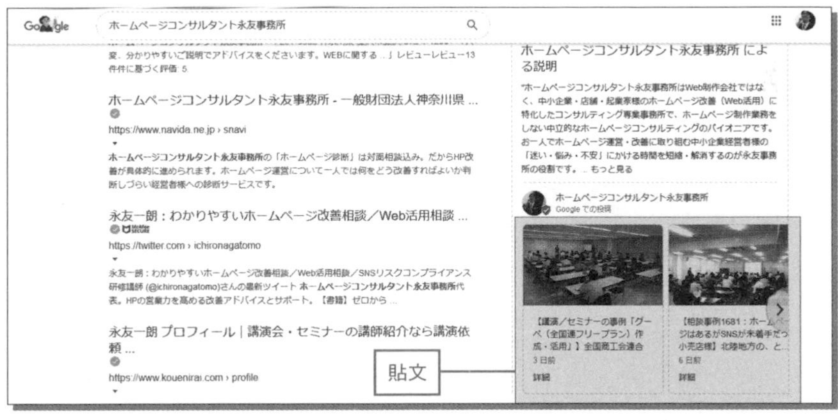

在Google上使用指名搜尋（P.26）時，發布的貼文也會出現在「商家檔案」版位裡

★ 貼文一定要設置按鈕

使用「貼文」功能時，請各位一定要「新增按鈕」。筆者將在接下來的第4章解說如何撰寫網路行銷文章，這裡先建議大家「要在文章的最後引導使用者採取特定行動」。

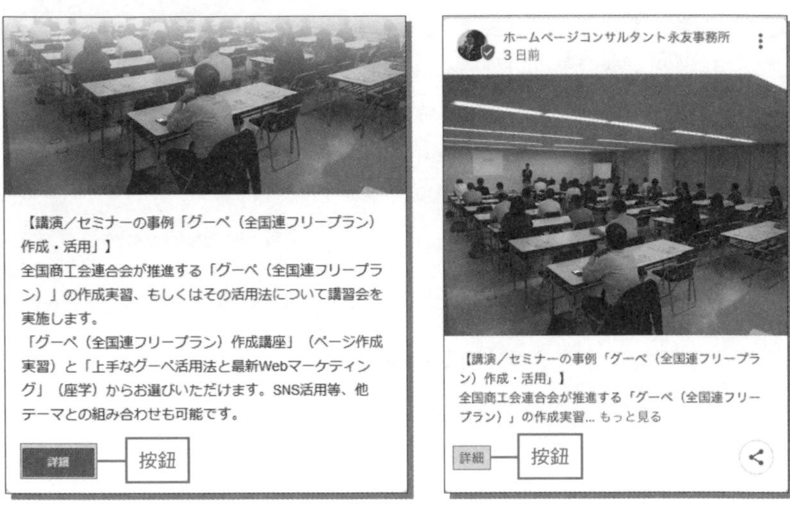

電腦版（左）與手機版（右）的貼文畫面。一定要在文末設置按鈕，引導使用者展開下一個行動

按鈕有6種，分別是「預訂」、「線上訂購」、「購買」、「瞭解詳情」、「註冊」、「立即致電」。「立即致電」是打到已登錄在「Google我的商家」的電話號碼。其他的按鈕，則可在「按鈕連結」輸入要前往的網頁網址。

★ 貼文共有4種類型

這裡說的「貼文」，其實分成「最新快訊」、「活動」、「優惠」、「產品」這4種類型。平常基本上都是以通用的「最新快訊」來發布貼文，如果要舉辦特定的活動，或是想發送優待券，再選擇對應的類型就好。

「活動」（左）與「產品」（右）等各貼文類型的設定內容略有不同

貼文類型	概要
最新快訊	最通用的貼文。不光是特賣消息、到貨消息、熱門消息，商家的所有「通知」都可以使用。商家眼中「不怎麼重要的」資訊，說不定對新顧客而言是很吸引人的。不用客氣，儘管發布貼文吧！
活動	用來宣傳商家活動的貼文。除了宣傳活動以外，也有商家使用這種貼文，告知年末年初休息的消息或特賣時間。
優惠	用來提供優惠的貼文。多數商家似乎都是採取「出示手機畫面才能享有優惠」的做法。另外，為避免現場混亂，一定要事先告知自家員工現正舉辦優惠活動。
產品	用來宣傳特定產品的貼文。也可以將使用者導向網路商店。產品相片盡量選擇色彩鮮明生動、重點明確、引人注目的相片。

那麼從下一頁起，筆者就帶各位一起來看製作「貼文」的方法。

24 發布「最新快訊」的方法

★ 發布「最新快訊」

畢竟是「最新快訊」，貼文的刊登期限為「1週」。不過，貼文要持續顯示才有效果，因此請盡量定期發布貼文喔（參考P.88）！刊登期限將至時，Google會以電子郵件提醒貴店「繼續發布最新快訊」（此為已設定「願意收到電子郵件通知」的情況，參考P.128）。

步驟① 點一下「Google我的商家」左邊選單的「貼文」，就能從畫面上方選擇貼文類型。這裡點「新增快訊」。

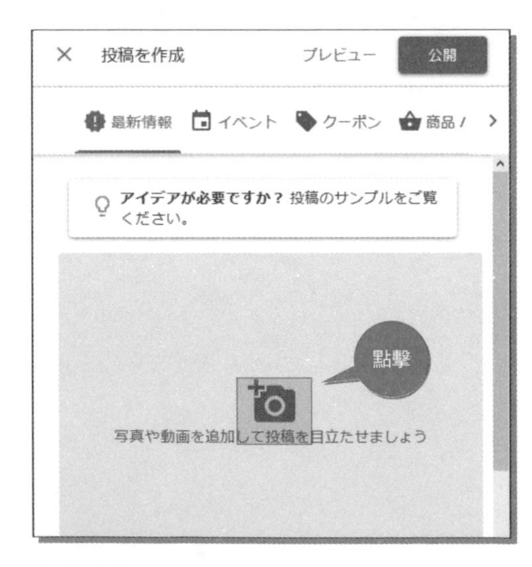

步驟② 點一下相機圖案就能新增相片。相片解析度至少要達到寬400像素，長300像素。用智慧型手機拍攝的相片通常都會超過這個標準，所以不用擔心。

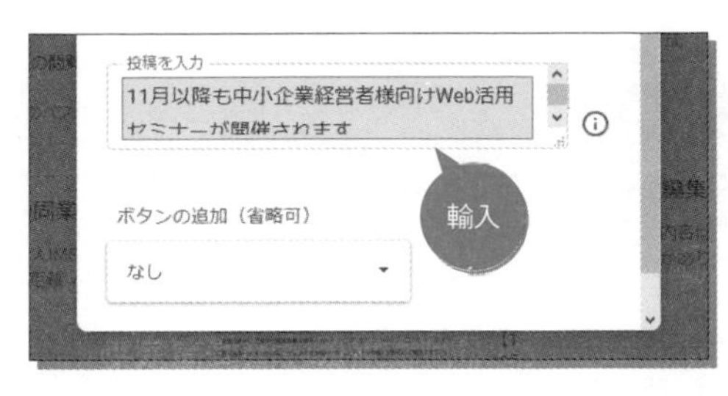

步驟③ 接著在「撰寫貼文」欄位輸入文章。最多可以輸入1500個字元。貼文若包含網址，也會自動變成超連結。

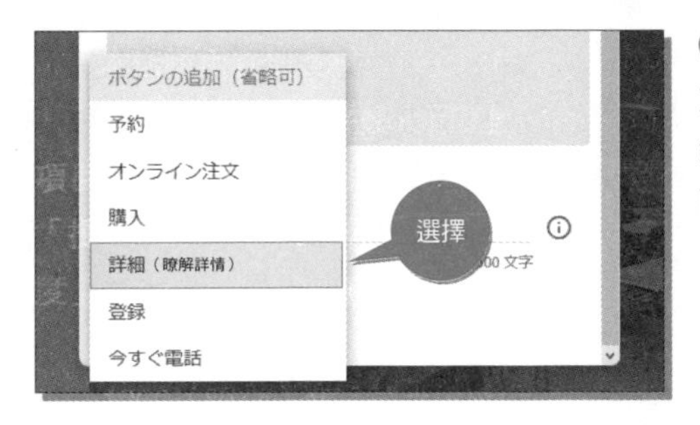

步驟④ 在「建立貼文」的畫面下方有「新增按鈕」選項。選擇按鈕，將使用者導向「Google我的商家」以外的媒體吧！這裡選擇「瞭解詳情」。

步驟⑤ 在「按鈕連結」欄位，輸入想連結的網頁網址（URL）。

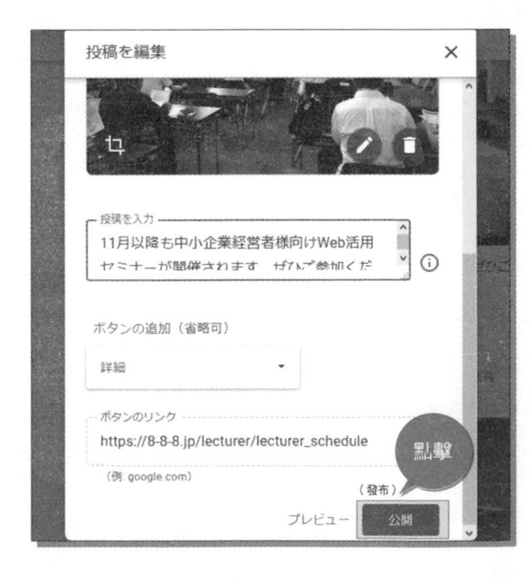

步驟⑥ 全部設定完畢後，點擊右下角的「發布」，貼文就會立刻發布出去。

25 發布「活動」、「優惠」、「產品」的方法

★ 發布「活動」

若要宣傳活動，就點一下管理畫面的「貼文」項目，再點「新增活動」。「最新快訊」貼文的刊登期限為1週，「活動」貼文則會一直刊登到指定的結束日期為止。除此之外，「活動」與「最新快訊」的不同之處還有：

▶要填寫活動名稱（一定要輸入）
▶可新增活動的期限與時間

說到活動，通常會想到一大群人隨著音樂熱鬧喧騰的景象，不過，

▶特賣（大拍賣）
▶特惠活動
▶事先通知特定期間的特殊營業時間

上述這種情況也可以發布「活動」貼文。

★ 發布「優惠」

若要發布優惠，就點一下「新增優惠」。「優惠」貼文同樣會一直刊登到指定的結束日期為止。除此之外，「優惠」與「最新快訊」的不同之處還有：

▶要填寫優惠活動名稱（一定要輸入）
▶可新增優惠的有效期限或使用時間
▶可記載「優待券代碼」、「兌換優惠的連結」、「條款及細則」（這些都可省略不填）

神奈川縣內的某家針灸治療院表示，許多患者前來治療時都會使用刊登在這裡的「優惠」（初診費優惠）。同樣位在神奈川縣內的某家花店，則是使用這項

優惠功能，提供「造訪網站（包含「Google我的商家」）的人」9折優惠券，結果有非常多的人使用這項優惠。我們可以從這些實例看出，新顧客「經常查看」「Google我的商家」，頻率之高超乎我們業者的想像。

★ 發布「產品」

若要宣傳商品本身，就點一下「新增產品」。「產品」與「最新快訊」的不同之處有：

▶必須刊登相片或影片
▶要填寫商品／服務名稱（一定要輸入）
▶可新增價格（價格範圍）

另外，發布「產品」貼文時需注意以下事項。內容引用自「Google我的商家」說明中心，發布貼文前記得先查看喔！

> 透過產品編輯器提交的產品必須遵守貼文內容政策。本服務不允許與管制類產品和服務有關的內容，包括酒精飲料、菸草產品、賭博、金融服務、藥物、未經核可的營養補充品或保健醫療器材。
> （引用：https://support.google.com/business/answer/7213077）

持續獲得貼文效果的小撇步

★ 想持續獲得效果就要不停刊登貼文

發布貼文基本上都是使用「最新快訊」這個類型，但「最新快訊」刊登1週後就會自動撤下。因此，想持續獲得效果就必須不停發布貼文，這點很重要。但是，筆者從事顧問工作時，偶爾有客戶反應「每週都要想貼文題材或是找新資訊實在很累人」，個人也非常同意這樣的意見。因此，本節要為各位說明「可省事的複製貼文法」，這是能幫助各位盡量輕鬆地持續發布貼文的方法。至於「增加貼文題材的方法」請參考P.181的介紹。

★ 可省事的複製貼文法

最輕鬆的持續發布方法，就是再次發布舊貼文的內容。切記，就算是之前再三提及的話題也沒關係，持續發布「貼文」比較重要。另外，執筆當時電腦（瀏覽器）版的「Google我的商家」並無「複製貼文」的功能。請使用手機應用程式版的「Google我的商家」複製內容，再重新發布。

步驟① 先開啟「Google我的商家」應用程式，依序點擊「商家檔案」→「貼文」，找到想複製的舊貼文。點一下貼文右上角的驚嘆號。

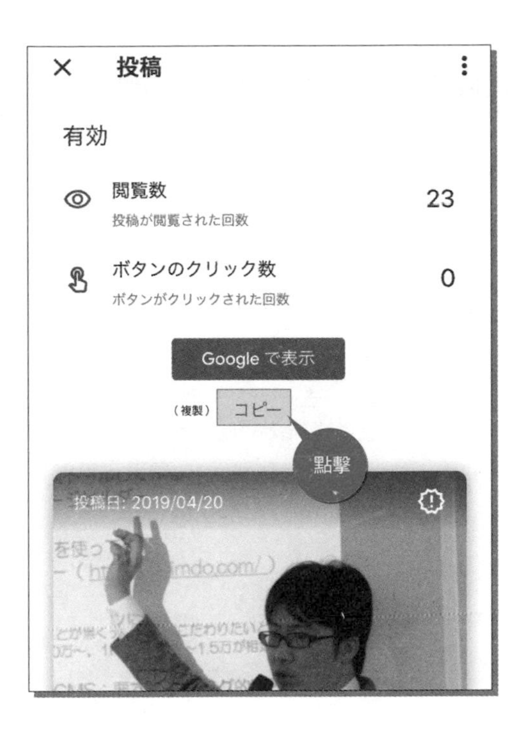

步驟❷ 出現貼文的詳細資訊。點一下畫面中間的「複製」。

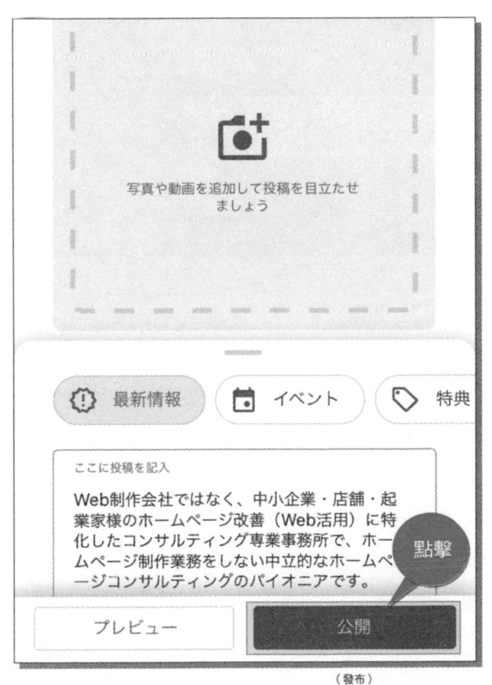

步驟❸ 出現建立貼文的畫面，複製的貼文文章已貼在欄位裡。可惜舊貼文的「相片」無法複製，隨意新增相片或影片後點「發布」，貼文就發布出去了。

「Google我的商家」的「網站」使用方法

★ 公開「網站」也是一項重要措施

「Google我的商家」管理選單中有個項目是「網站」。「網站？網頁？哎呀，本店已經有網站了耶……」有這種想法的經營者，沒錯，「Google我的商家」的「網站」功能，表面上來看確實是「可以免費製作網頁」。不過實際上，如果已完成「Google我的商家」的驗證，貴店還可以輕輕鬆鬆免費獲得對應智慧型手機的「網站」。

可免費製作並使用的「Google我的商家」之「網站」。上圖為筆者的網站（https://ichironagatomo.business.site/）

假如貴店屬於「之前不曾製作過網站……如果能免費獲得網站，不如就試試看吧」這種情況，請按照P.92介紹的步驟編輯網站。建立網站不用花任何費用。反之，如果經營者很煩惱「我們已經有自己的網站，還需要這個『網站』嗎？」，筆者則建議「姑且不論這個『網站』能不能廣為人知，最好還是先建立並且公開。何況建立的方法非常簡單」。

再提醒一下各位，運用「Google我的商家」時若有拿不定主意的問題，不妨回到前面查看第1章的內容。

・**輸入完整且正確的資訊**

本地搜尋結果偏向顯示與搜尋字詞最相關的資訊，因此商家如果能提供完整且正確的資訊，就越容易與相關搜尋達成比對。請務必在Google我的商家中輸入所有商家資訊，讓客戶更加瞭解您商家的服務內容、所在位置和營業時間。這些資訊包括（但不限於）實體店址、電話號碼、類別、簡短描述和屬性，之後商家如有任何異動，也請務必更新這些資訊。

（引用：https://support.google.com/business/answer/7091）

Google明確表示，「詳盡地」提供「正確的商家資訊」，可使貴店的資訊更容易出現在「Google地圖」的搜尋結果上。換句話說，包括「網站」在內，輸入完整且正確的資訊，是提升本地排名（貴店在「Google地圖」上的刊登順位）的重要措施。

如何運用已建立的「網站」？

「Google我的商家」提供的「網站」非常簡易，現階段能夠製作的頁數「只有1頁」。當然，對不曾擁有網站的業者而言這應該是個好功能。此外還可以將專屬網址標記在傳單或名片上。

不過，如果業者已經有自己的網站，就用不著特地去向顧客宣傳這個「『Google我的商家』的網站」。基本上我們可以把它當成是用來「向Google介紹自家店鋪」的網站。另外，「摘要內文」能夠張貼外部網頁的連結，因此我們也可以把這個網站當作「前往既有網頁的『連結來源』」。

28 編輯「網站」的方法

雖說要「編輯網站」，但其實貴店若已填寫完第2章介紹的「資訊」項目，這個網站就幾乎已接近「完成」了。「所在地點」、「電話號碼」、「營業時間」等資訊都會自動顯示，如果變更了「資訊」項目的資料，網站也會自動更新該筆資料。另外，上傳到「相片」的內容也會自動顯示在這個網站上。是不是非常方便呢？我們能夠調整的部分有「主題」、「編輯」、「更多」。接下來就依序介紹這3個部分。

★ 編輯「主題」

「主題」就是網站的「色調氛圍」。各種主題的排版都是一樣的。請根據貴店的氛圍、想帶給顧客的印象來決定主題。之後也可以不斷變更。

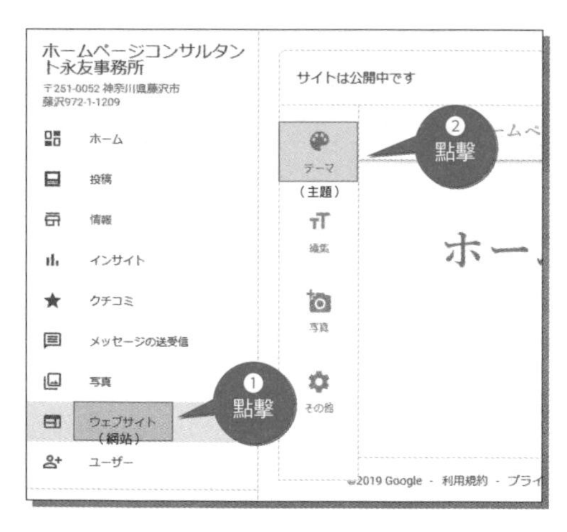

步驟① 點一下管理畫面左邊選單的「網站」，再點編輯畫面上的「主題」。

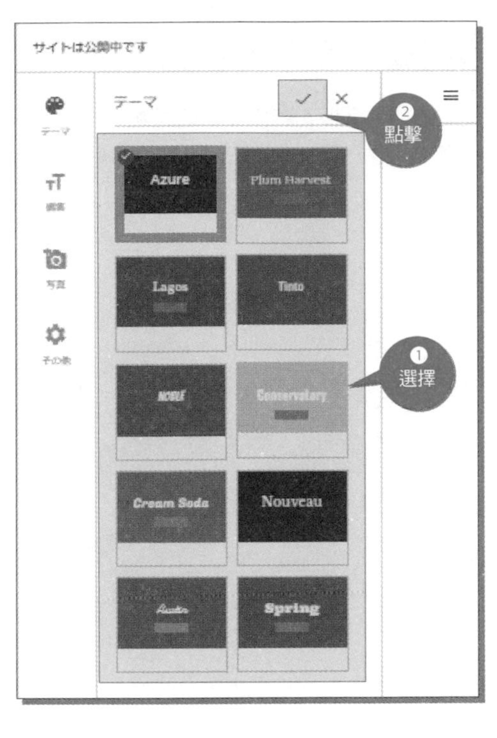

步驟② 畫面上會出現10種「主題」，選擇你認為最合適的「主題」。最後點擊「勾號」確定修改。

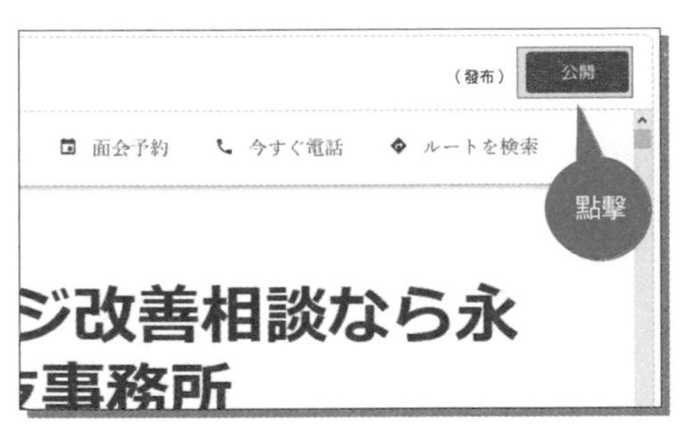

步驟③ 另外就筆者的實務經驗來說，即使網站還在編輯，仍建議先「發布」。點擊畫面右上角的「發布」，網站就會在網路上公開。

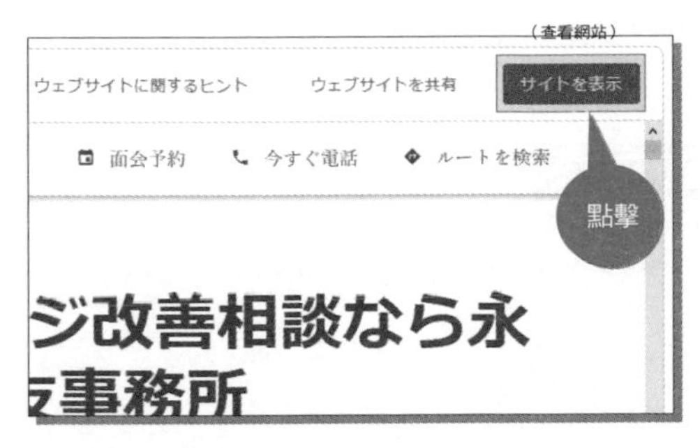

步驟④ 發布之後，再點擊右上角的「查看網站」，就會另開視窗顯示實際的網站。一邊查看實際效果一邊編輯應該會比較方便。

★ 編輯文字資訊

網站最上面的「標題」與「說明」等文字資訊，全都可以在「編輯」進行修改。點擊「編輯」就會出現各種輸入欄位，只要點一下想填寫的項目，就可以進行編輯。

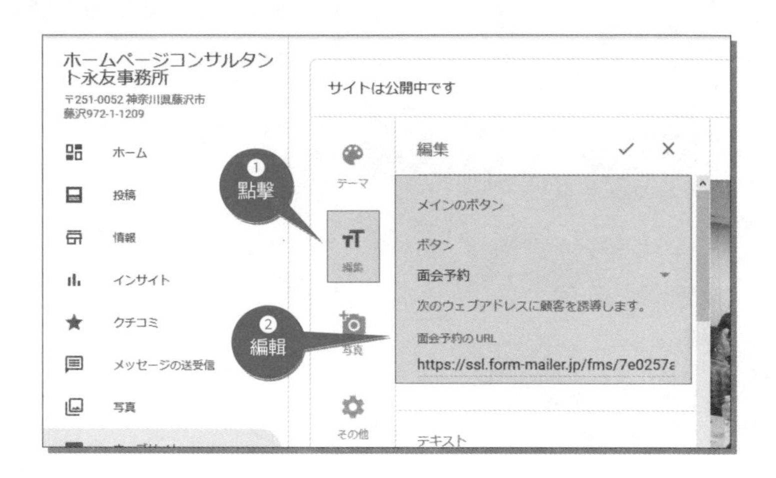

主要按鈕

「主要按鈕」是設置在網頁上方的按鈕。選擇要設置的按鈕，再點「勾號」確定即可。筆者設置的是「預約」按鈕。另外，這種引導使用者採取具體行動的按鈕，稱為「行動號召（呼籲）按鈕」。

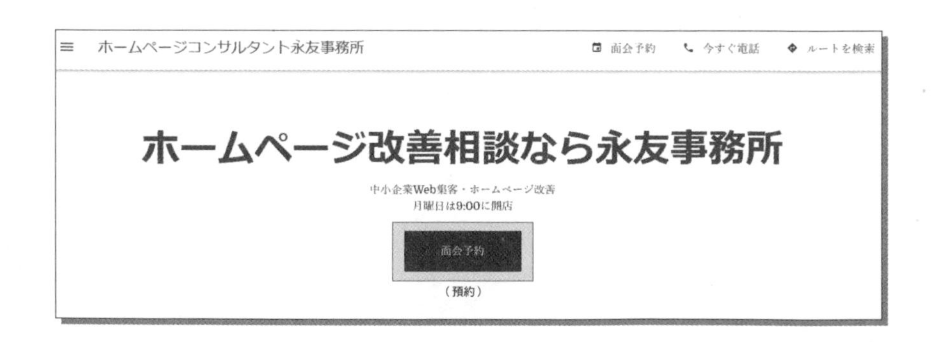

● 「主要按鈕」種類

按鈕名稱	採取的行動
立即致電	點擊這個按鈕， 使用者就能直接打電話給商家 （業者）。
與我們聯絡	透過電子郵件， 將使用者的姓名、 電話號碼、 電子信箱、 訊息發送給業者。
規劃路線	點擊這個按鈕， 即可在 「Google 地圖」 中開啟前往商家的路線。
取得報價	點擊這個按鈕會開啟表單， 供使用者詢問業者的服務。 當顧客聯絡業者時， 業者會收到電子郵件通知。
預約	開啟指定的連結。 請設定為預約表單之類的網頁。
傳送訊息給我們（簡訊）	點擊這個按鈕會傳送簡訊至業者的手機號碼。 請確定這個手機號碼可以接收簡訊。 業者可能需要支付簡訊和數據傳輸費用。
傳送訊息給我們（WhatsApp）	點擊這個按鈕會傳送 WhatsApp 訊息至業者的手機號碼。 請確定手機已安裝 WhatsApp， 以便接收訊息。

（表格是根據「Google我的商家」說明中心「https://support.google.com/business/answer/7178589」製作而成）

標題

「標題」是網站中以最大字體顯示文字的位置。

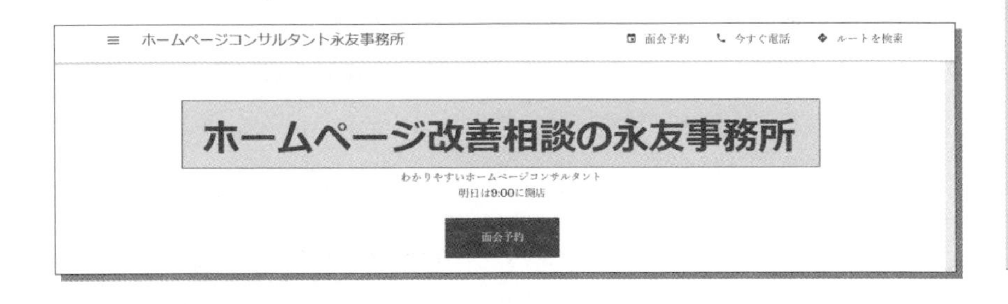

最多可輸入80個字元，不過若真輸入80個字元，看起來就會像下圖那樣（以電腦瀏覽器檢視時）。乍一看畫面全是文字，也會讓人覺得過於誇張。標題控制在10～20個字元會比較恰當。

說明

「說明」最多可輸入140個字元。這個部分介於標題與行動號召按鈕之間。

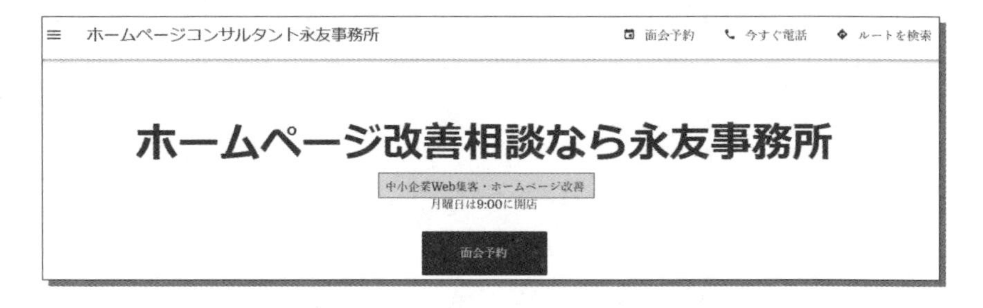

有些人把「說明」視為「宣傳標語」，有些人則認為是「可稍作說明的地方」。這並沒有正確答案，不過可以確定的是，「商家名稱＋說明欄的文字」即是這個網站的頁面標題。

將滑鼠游標移到瀏覽器的「頁籤」上，就能查看頁面標題

各位也許有聽過，「將目標關鍵字放進頁面標題裡」是搜尋引擎最佳化（SEO）的一般做法。因此，在這個「說明」欄裡，加入「希望能與相關搜尋達成比對的關鍵字」可說是最重要的一點。舉例來說，實體店之類「顧客搜尋時很

可能會使用地名的商家」，一定要在「說明」裡加入地名。反之，

▶藉由本店的服務實現喜悅快樂的生活
▶全體員工將以笑容迎接各位的到來

用上述這種「新顧客不會搜尋的詞語」撰寫「說明」，筆者認為是非常浪費的行為。

摘要的標題與內文

「摘要標題」與「摘要內文」放在網站的下方。「摘要標題」最多可輸入40個字元。雖然可以省略不填，但這裡的文字同樣屬於搜尋對象，而且也能向Google介紹自家店鋪，因此別省略不填喔！

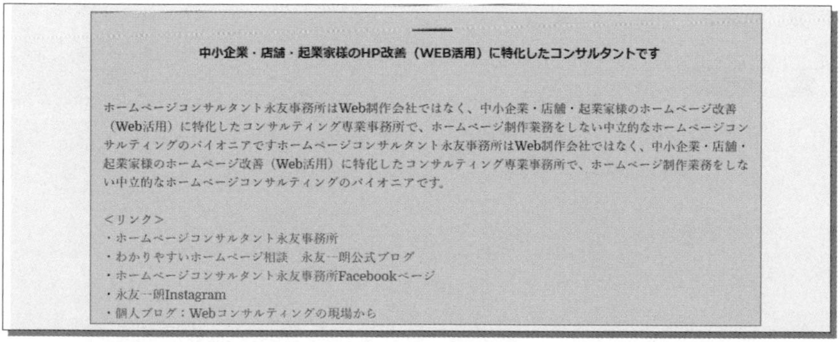

中小企業・店舗・起業家様のHP改善（WEB活用）に特化したコンサルタントです

ホームページコンサルタント永友事務所はWeb制作会社ではなく、中小企業・店舗・起業家様のホームページ改善（Web活用）に特化したコンサルティング専業事務所で、ホームページ制作業務をしない中立的なホームページコンサルティングのパイオニアですホームページコンサルタント永友事務所はWeb制作会社ではなく、中小企業・店舗・起業家様のホームページ改善（Web活用）に特化したコンサルティング専業事務所で、ホームページ制作業務をしない中立的なホームページコンサルティングのパイオニアです。

＜リンク＞
・ホームページコンサルタント永友事務所
・わかりやすいホームページ相談　永友一朗公式ブログ
・ホームページコンサルタント永友事務所Facebookページ
・永友一朗Instagram
・個人ブログ：Webコンサルティングの現場から

目前並不確定「摘要內文」最多可輸入幾個字元，但就筆者的實測，最多能夠輸入7680個字元。「摘要內文」的最大特色就是可以張貼連結。輸入文字後，拖曳游標選取該段文字，然後再點擊「連結」按鈕輸入要連結的網址（URL），最後點「確定」即可。

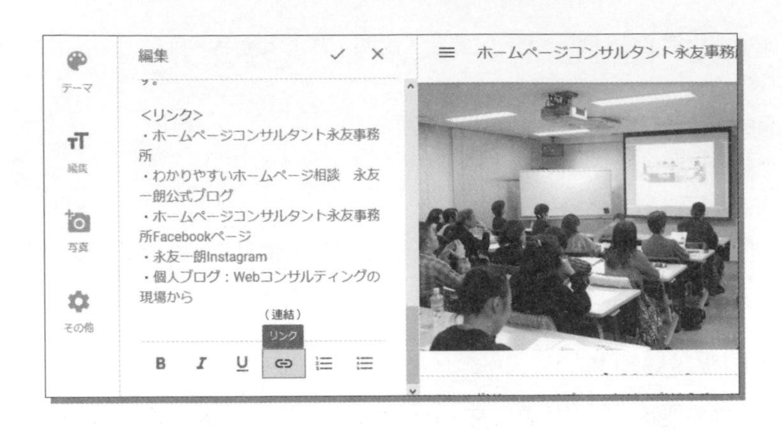

雖然「摘要標題」與「摘要內文」都放在網站下方，但如同筆者一再強調的，「『Google我的商家』裡填寫的文字都是在向Google介紹自家店鋪」，希望各位要記住這點，用心填寫這2個欄位。

★ 編輯「相片」

網站設有「相片」區，不過實際上這個部分跟「Google我的商家」的「相片」是相通的。

在「Google我的商家」的「相片」裡設定為「封面」的相片，會自動成為網站的「標題相片」。除了「標題相片」外，網站還會自動顯示「Google我的商家」的「相片」裡近期上傳的9張相片。

第 4 章

活用「貼文」的網路行銷寫作技巧

29 從顧客角度出發的網路行銷寫作技巧

★ 如何讓新顧客展開行動？

如同前述，「Google我的商家」的「貼文」功能，目的是「讓顧客看到通知後展開行動（直接來店或前往部落格之類的網站）」。那麼，只要發布「貼文」就能讓顧客展開行動嗎？很遺憾，並不是每個商家都能順利達成這個目的。

筆者在「中小企業的網路應用現場」觀察了18年，發現應用網路而生意興隆的中小企業與店家，一定都會實踐以下的「4個重點」。

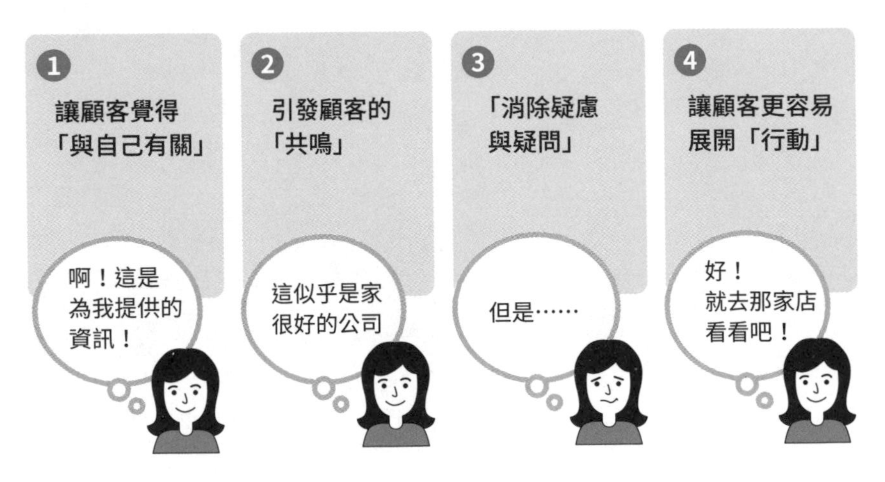

只要實踐這 4 個重點，就能引導顧客展開「行動」

畢竟都特地花時間與心力運用「Google我的商家」了，當然希望能盡量做出「成果」。本章就來介紹幾個可打動新顧客的「網路行銷寫作技巧」。這些技巧不建議全用在同一篇文章上，最好是在判斷該技巧適合使用後再套用於自己撰寫的文章上。另外，本章介紹的是寫作技巧，因此除了「Google我的商家」以外，也可以應用在「網站」、「部落格」、「社群網站的貼文」上。請各位別想得太複雜，跟著本書的說明實際嘗試看看。

培養「顧客觀點」的方法

店長之類的資深人員，或許很擅長以「顧客觀點」思考事情，但對新進員工而言卻不是件容易的事。這裡就提供2種培養「顧客觀點」的方法。

▶寫下初次使用某項服務後的感想

員工本身其實也是一名消費者。「第一次光顧某家店」或是「第一次申辦某項服務」時，正是可充分體驗「第一次消費的顧客」所感到的疑問與疑慮的機會。

舉例來說，各位聽過「迷你書包」這項商品（服務）嗎？這項出色的商品是將用過的小學書包分解後，重新製作成迷你版的書包，使之變成一件回憶物。請各位試著搜尋「迷你書包」，然後比較一下找到的幾家公司的網站。寫下令自己覺得「想委託這家公司」、「不太想委託這家公司」的原因，應該會很有幫助。

▶留意顧客使用的「詞語」

顧客使用的詞語，與商家（賣方）使用的詞語往往不一樣。顧客為什麼要用這個詞語呢？是有所誤解嗎？還是因為缺乏知識呢？不妨以「使用的詞語」為起點想像顧客的心理。這也是培養「顧客觀點」的絕佳訓練。

30 讓顧客覺得「與自己有關」的技巧

★ 至少提出2個宣傳重點

首先介紹的是，「至少提出2個宣傳重點，讓顧客覺得『與自己有關』」的觀念。網路使用者都是匆忙、快速地蒐集資訊，不會去看「好像與自己無關」的資訊。因此，發布資訊時必須在開頭或內文直接告知「這是專門提供給你的資訊」。使用貴公司商品或服務的是什麼樣的顧客呢？貴店希望什麼樣的顧客上門光顧呢？建議別使用「致全國的民眾」這種大範圍的宣傳方式，應該「至少提出2個宣傳重點」，例如：

▶致○○時▲▲的人
▶致想○○，但是▲▲的人
▶致○○而且▲▲的人

運用「Google我的商家」時，建議以這種方式撰寫「貼文」的開場白。

【壞例子】

▶享受快樂生活
▶活出自我

【1個宣傳重點範例】

▶致考慮整修浴室①的人

【至少2個宣傳重點範例】

▶致想在冬季翻新①公寓浴室②的人
▶致想幫液晶電視①裝螢幕保護鏡②……但是用「外掛式」③又不放心的人

★ 吸引人閱讀的文章結構「APSORA法則」

「APSORAの法則」是筆者從事顧問工作時經常建議客戶採用的、「任何人都能輕鬆理解、容易接受的文章結構」。就算你辛辛苦苦寫好一篇文章，如果寫得冗長又沒有重點，別人依然不會看完。建議各位從上到下，按照以下的「結構」撰寫文章。

A:Address　稱呼
- 〇致〇〇時▲▲的人
- 致想〇〇，但是▲▲的人
- 致〇〇而且▲▲的人　等等

P:Problem　點出問題
- ×× 是不是有 ×× 的困擾呢？
- 是不是在找 ×× 呢？
- 是不是想快點▲▲呢？　等等

SO：Solution　提出解決方案與根據
- 你可以▲▲
- 可透過本公司的〇〇（僅此一家的感覺）實現 ××　等等

R:Relieve　使人放心
- 顧客心聲
- 問與答
- 退款保證
- 設有即使定期購買也能暫停訂購的制度
- 介紹生產者
- 介紹員工
- 載明聯絡方式　等等

A：Action　號召行動
- 具號召具體行動（免費諮詢會、索取資料等等）
- 除了電子郵件外也可電話聯絡　等等

接著介紹應用APSORA法則的例文。文章結構如下：

▶點出特定對象，
▶讓該對象注意到必須閱讀的資訊，
▶宣傳自家店鋪的賣點，
▶鼓舞猶豫的人，
▶最後明確地引導。

【壞例子】

真心推薦本店的擦鞋服務！希望各位都能親自體驗。全體員工將以笑容迎接各位。歡迎蒞臨本店!!

【好例子】

★致想保養最喜歡的皮鞋，但又怕自己動手會失敗的人★
您是不是在找，能好好保養昂貴皮鞋的方法呢？

位於藤澤市的專業擦鞋店「湘南皮鞋診所」，會根據皮鞋的狀態使用合適的鞋油與鞋刷，自行清理時容易忽略的鞋尖與鞋緣也會仔細保養。皮鞋不只能變得乾淨，還能延長壽命。

經營者與時尚業人士也大讚「終於找到專業的擦鞋店」。接下來的連續假期將舉辦新手擦鞋體驗會。目前已開放報名預約，有興趣者請致電詢問是否還有名額。

31 引發「共鳴」的技巧 內容篇

★ 寫出「想法」引起共鳴

展現生產者或加工者等跟商品有關的人士，其性格或對工作的看法、耿直的態度、心情等情感與熱情的文章，能夠打動網路使用者。不妨誠實地將「想法」放進文章裡吧！另外，貼文若能表達出「顧客的喜悅」，以及員工樂於取悅顧客的模樣，一樣能夠引起「共鳴」。

無論是觀看網路資訊的人，還是發布資訊的人，全都是「有血有肉的人」。只要加入「開心」、「放心」、「快樂」、「幸好能幫上忙」等「情感」，就能讓網路資訊變得生動有趣。筆者認為這點跟在店裡接待顧客有異曲同工之妙。發布資訊時，不妨想像自己是在「跟眼前的顧客說話」吧！

【壞例子】

這個夏天最推薦本店烘焙的咖啡豆，欲購從速。

【好例子】

「從沒喝過那麼好喝的咖啡！」「沒想到能在藤澤邂逅這樣的好滋味……！」去年大獲好評的巴拿馬瑰夏咖啡豆「終於」再度到貨！每一顆咖啡豆都是人工挑選，烘焙與乾燥時間也和其他品種截然不同。本店又能再次向各位提供這樣的好咖啡了！我跟同事小淳都望穿秋水等了半年～烘焙後第3天起咖啡豆會變得更加美味，因此我們決定在原本公休的星期一下午開門營業！無法等到明年的人，請別錯過星期一的現場開賣！

★ 說明理由（根據）

介紹商品時，常會使用「推薦」、「盡早」之類的詞語。但是，只用「推薦」這種主觀的表達方式，會讓使用者產生疑問，不明白「為什麼推薦這個東西？」，因而很難引發「共鳴」。

若要讓使用者能夠理解與接受，「說明時附上理由」是很重要的。告知理由，亦即客觀的根據，可讓使用者更容易理解與接受整段訊息，繼而引起「共鳴」。想使用「推薦」、「盡早」之類的詞語時一定要附上理由，請務必養成這個習慣。

【壞例子】

本店推薦的杜勒斯包已經到貨。

【好例子】

這款杜勒斯包的裝飾極為簡約，所以也適合剛出社會的商務人士。跟舊款相比內寬加大，可同時收納厚記事本與筆記型電腦或平板電腦。原料是拜託皮革批發商設法供應的，因此本次為限量發售，總共只有4件，敬請見諒。

勤快運用貼文的訣竅

只要將同一個話題分成「事前告知」、「當日」、「後續」，就能分三次發布貼文。拿上述的例文來說，就是「正在生產杜勒斯包」、「杜勒斯包終於到貨了」、「之前介紹的杜勒斯包因為大受歡迎，預購已經滿單」。若要持續發布貼文，建議採取這種「分割同一個貼文題材」的做法。

32 引發「共鳴」的技巧 表達篇

★ 使用擬聲語與擬態語展現五感

貴店的文章有留意五感（視、聽、嗅、味、觸）的表現嗎？若要讓人更容易產生具體的想像，建議使用擬聲語與擬態語來表達。撰寫文章的時候，若能盡量多包含一些「感覺」，相信顧客的腦中會更容易浮現畫面。請各位一定要試試看。

一拿起來就能聽見「咔啦」的酥脆聲！醃料所用的淡味醬油與生薑，是主廚的家鄉——高知的特產。使用新鮮的本地雞肉，充滿鮮味與香味。
請先擠點酸酸甜甜的醋橘汁再享用。

使用擬聲語與擬態語，向顧客展現感覺

★ 以「你」為主詞，結合「能夠●●」

「以『你』作為文章的主詞」也是一種引發「共鳴」的技巧。許多中小企業與店家在發布資訊時，往往是從「自家公司的角度」出發，例如：

▶本店……
▶本公司……
▶這項商品……

但是，即便劈頭就告訴網路使用者（潛在顧客）「本公司的賣點是……」，他們也只會覺得「與自己無關」。因此，我們的目標是以「你（讀者）」為主詞，寫出「打動人心」的文章。另外，以「你」為主詞的話，句尾自然就要接上「能夠●●」，例如：

▶（你）能夠●●
▶（你）能夠享受●●
▶（你）能夠選擇●●

這種表達方式可讓腦海更容易浮現想像，例如「哦，如果是我就能夠●●呢」。「你」這個字也可以省略不寫，總之撰寫文章時，別以「本店」或「這項商品」為開頭，應以讀者為主詞。

【壞例子】

本公司洗衣服務的厲害之處在於這點！

【好例子】

不同於「收到髒衣物後，一直放到交貨前才洗」的店，您的衣物我們會「先洗好」再保管。收到的衣物保證「乾淨」、「有質感」、「跟新的一樣」。您可選擇現場取貨或是宅配。

★ 撰寫「故事」，描述誰如何使用商品或服務

在網路上發布資訊時，「寫故事」是非常重要的一點，請容筆者詳細說明這個部分。如今我們正面臨以下的狀況：

▶難以想像人口會增加（消費者人數不太可能大幅增加）
▶市面上充斥著商品與服務
▶景氣不太可能好轉

換句話說就是「生意不好做」。要在這種狀況下「提升業績」，需要各式各樣的策略與觀念，而筆者認為最重要的應該是：

▶讓沒發現這項商品或服務「適合自己」的人注意到這一點

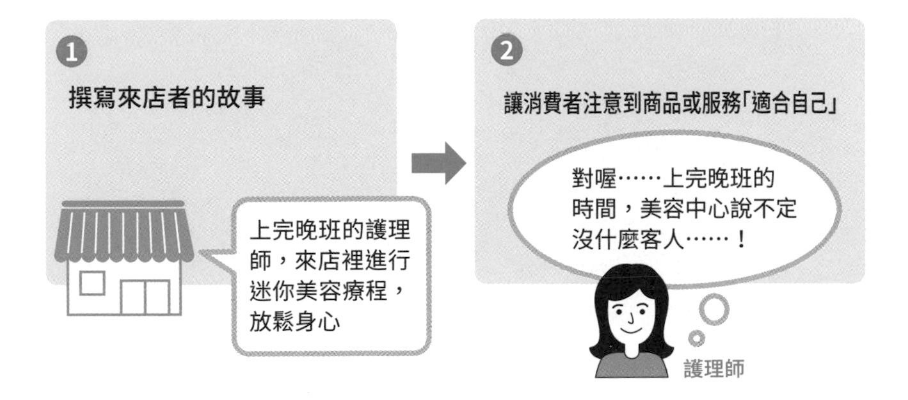

想要「讓人注意到這點」，最有效果且合理的方法就是，讓消費者明白「跟自己相同類型的顧客光顧了那家店（使用了商品或服務）」。在網路上發布資訊時，「寫故事」為什麼很重要？這是因為，我們的目的是要藉由寫出「跟你相同類型的顧客已經光顧本店囉」這一點，進而讓消費者注意到「自己也可以去這家店」，以便「降低新顧客來店的難度」。

據說某化妝品店持續發布「某某顧客上門光顧」的貼文後，化妝品與美容護膚服務的業績成長至之前的1.5倍。另外，聽說某老字號零售店持續發布「接到了這樣的訂單，目前正在努力生產」的貼文後，看了貼文而前來光顧的新顧客變多了。希望各位能參考以下的提示，發布貴店的獨家故事。

描述客層

▶年齡多大？

▶性別為何？

▶住在哪裡？（住得很近，或是來自遠地？）

▶是個人，還是團體？

描述使用情境

▶因為什麼樣的「生活型態的變化」而上門光顧？

▶因為什麼樣的「活動」（節日或例行活動）而上門光顧？

▶因為什麼樣的「麻煩」而上門光顧？

▶因為在哪裡接觸（因為什麼樣的機會）而上門光顧？

描述課題

▶為了什麼樣的「煩惱」而上門光顧？

▶為了什麼樣的「擔憂」而上門光顧？

描述使用程度

▶來店的「頻率」有多高？

▶「停留時間」有多久？

描述感想

▶顧客有什麼感想？

★ 別用籠統的表達方式，盡量寫得具體一點

若要讓顧客更容易覺得「與自己有關」，建議「描述要實際」，別寫得太籠統。內容要寫得具體一點喔！

【壞例子】

如果有空檔，隨時都可為您介紹服務內容。歡迎洽詢。

【好例子】

明天傍晚6點以後有空檔，能在工作結束後順道拜訪。提供服務期間可能無法接聽電話，請用LINE或Instagram的訊息功能洽詢。

★ 使用可產生共鳴的措辭

使用令人驚訝或戳中內心的表達方式，可吸引網路使用者的注意。這種表達方式分成5大類：「說中事實」、「指出混亂」、「指出無變化」、「希望重

來」、「強調利或弊」。除了參考以下的具體範例外，各位也能站在消費者的立場，把令自己「驚訝」的表達方式記錄下來，日後要在網路上發布資訊時一定會有所幫助。請實際使用看看這些表達方式，然後觀察顧客的反應。

表達方式	具體範例
説中事實	・～是不是你真正的心情呢？ ・你一直沒發現自己的問題呢。
指出混亂	・不知道該怎麼辦才好。 ・不知道該做什麼才好。 ・不知道該怎麼選擇才好。
指出無變化	・你是不是堅信～？ ・你是不是覺得還不需要購買～？ ・你是否曾想過， 繼續維持～的做法真的好嗎？
希望重來	・想不想重新學習呢？
強調利或弊	・到頭來反而要花更多費用。 ・持久、 耐用。

33 「消除疑慮與疑問」的技巧

★ 消除疑慮與疑問

▶在眾多資訊當中發現了這則貼文。
▶得知這是適合自己的商品。
▶得知這應該是好店、好商品。

但是，假如顧客依然不上門光顧或是洽詢，這多半是因為「疑慮或疑問尚未消除」吧？待在網路另一頭的顧客，內心充滿了「這家店真的沒問題嗎？」這種疑慮與疑問。因此，明確地提供足以消除疑慮與疑問的內容，就能讓顧客更願意採取「來店」或「洽詢」等具體行動。

消除疑慮與疑問，是一種減少「不買的原因」，使人展開行動的戰術。舉例來說，貴店不妨發布以下「解決疑慮與疑問」的資訊。

有關信用的疑慮／疑問

1.有關業者信用的疑慮／疑問
▶公司的歷史有多久？公司的規模有多大？
▶聯絡方式？
▶具備什麼資格？有沒有登記？
▶提供服務的是什麼樣的人？
2.有關商品或服務信用的疑慮／疑問
▶是真品嗎？證據是？
▶安全嗎？證據是？
▶話講得很動聽，是不是有什麼陷阱？為了什麼目的做這門生意？

有關普遍性的疑慮／疑問

▶有多少人使用？
▶其他使用者有什麼感想？

有關運送與交貨的疑慮／疑問

▶現在訂購，什麼時候能收到？
▶採用什麼樣的包裝？

有關契約的疑慮／疑問

▶首先我應該做什麼？
▶該以什麼方式聯絡？
▶簽約要花多少時間？
▶從委託到服務結束，會經歷怎樣的過程？
▶買方需要做什麼準備嗎？
▶契約可以調整嗎？可以試用嗎？
▶取消有什麼樣的規定？
▶費用包含什麼項目？除了標示的費用外還需要額外付費嗎？
▶何種方案（組合）最適合我？
▶提供什麼服務？不提供什麼服務？
▶提供什麼付款方式？

有關使用的疑慮／疑問

▶自己（任何人）能輕輕鬆鬆運用自如嗎？
▶這是在什麼情況（什麼情境）下使用的？
▶什麼樣的人會在什麼時候使用這項商品？
▶使用這項商品時有無其他需要留意的地方？（例如注意事項、副作用）

有關保固的疑慮／疑問

▶服務結束後（交貨後）有什麼樣的售後服務？

34 使顧客展開「行動」的技巧

★ 在文末邀請／表明希望顧客採取的行動

筆者在從事顧問工作時，也時常提醒客戶別忘了「文末的邀請」。這點很重要，與其說「這麼做比較好」，不如說「一定要實踐這件事」。

筆者在中小企業與店家的網路行銷管理現場觀察了18年，經常覺得「文末的邀請」做得不夠。發布在網路上的資訊，無論使用智慧型手機還是電腦觀看，都是由上往下顯示。讀者的目光若能抵達文章的「最後」，代表他看得頗為「熱衷」。雖然中途可選擇關閉頁面，但他們依然看到最後，因此我們可以把他們視為「熱衷的」使用者。

這些「熱衷的讀者」會看的「文末」，如果很突然的結束說明是非常可惜的做法。談生意或接待顧客時，最後一定會加上「結尾」吧。在網路上發布資訊也一樣，文末一定要加上「結尾」。在網路上發布資訊，不見得一定要以鼓勵購買之類直接的內容作為結尾。

▶記載聯絡方式

▶請讀者查看其他的相關網頁（張貼連結）

我們也可以採用這種間接的結尾。請重新檢查一下，貴店在網路上發布資訊時，是否在文末提出了「邀請」。

★ 賦予查看「後續」的動機

那麼，在「Google我的商家」的貼文裡設置「瞭解詳情」按鈕時，什麼樣的「邀請」效果比較好呢？若用一句話來說，答案就是告訴使用者「按下瞭解詳情按鈕查看後續內容，會得到更多好處」。例如以下的邀請就是有效的做法。

【例1】告訴使用者要繼續閱讀才能獲得完整的資訊

報名辦法已公布在本店官網。【瞭解詳情】

【例2】告訴使用者看了之後，能得到祕訣或Know-How等資訊

除了這裡介紹的方法外，本店的部落格還有另外6種「在家就能輕鬆保養指甲」的祕訣。【瞭解詳情】

從「Google我的商家」導向網路商店

使用「貼文」的按鈕，不只能連結官方網站或部落格，也可以連結網路商店。如果貴店已擁有網路商店，建議使用「貼文」將使用者導向網路商店。

另外，只要使用線上開店服務，任何人都能輕鬆開設網路商店。例如「BASE」就是其中一種線上開店服務，目前在日本已有超過70萬個商家使用，筆者的客戶也大多都有使用這項服務。

舉例來說，神奈川縣小田原市的「石塚香實園」，就使用BASE販售湘南黃金柑（香味十足的柑橘類）、橘子、下中洋蔥等蔬果。據說常常因賣得太好而缺貨。

由於開設商店本身不需要支付費用，因此各位也可以試著考慮開設一家網路商店。

COLUMN 4

再三提及「展現商家特徵的詞語」

▶再三提及特定的詞語，就會在不知不覺間成為展現商家特徵的詞語

筆者覺得，網路特別有這種傾向。不好意思，以下是筆者個人的例子。筆者從開業初期，就會在發布的資訊裡提到「平易近人的網頁諮詢」這句話。由於之前見聞過的網路相關人士説明都非常複雜難懂，因此筆者才會決定主打「平易近人」這點。

無論網站、部落格、社群網站、名片、講座的資料還是自我介紹，筆者都經常使用「平易近人」這個詞，後來得到的評價大多都是「平易近人」，而舊客戶幫忙介紹新客戶時，大部分的新客戶也都表示「聽説你是一位非常平易近人的顧問」。

在「Google我的商家」發布資訊時，這個觀點也很重要。主要是因為，「Google我的商家」有「評論」功能，顧客的留言能化為文字累積下來。只要再三提及「展現商家特徵的詞語」、「想當成商家特徵使用的詞語」，貴店應該就能得到跟這個詞語一樣的評價吧。

另外，「Google我的商家」的評論裡出現越多具體的關鍵字，越容易讓顧客看到貴店的資訊，對貴店也就越有利。不過，直接拜託顧客「請在留言裡加入●●這個詞」會違反Google的規範，因此關鍵就在於「如何讓顧客自然而然想起這個詞，並且寫在留言裡」。

▶接待顧客時告訴對方
▶寫在菜單或店內POP廣告上

由此可見，包括上述這類網路以外的方法在內，「再三提及展現商家特徵的詞語」可説是非常重要的。

第 5 章

改善商家印象的留言回覆技巧

35 成效斐然！為什麼要重視評論？

「評論」對顧客的影響有多大呢？這裡就來介紹2016年的調查，請各位參考下一頁的圖表。

這項調查結果顯示了以下的事實：有過半數的人或多或少會參考評論，另外有8成多的人曾根據留言決定要光顧的餐飲店或購買商品。因此可以說，經營商家時若是忽略「評論」的存在與影響，反而才奇怪且不合理吧。

不過如同第1章的說明，運用「Google我的商店」時，擠進「搜尋結果的前3排」是很重要的。如果同業者眾多，競爭也會很激烈，但只要認真實踐Google公布的「改善您商家在Google上的本地排名」之方法，就一定能擠進「搜尋結果的前3排」。不過，就算擠進「搜尋結果的前3排」，「沒有評論，或是評分很低」的商家資訊，觀看意願仍然會比「留言很多，評分很高」的商家資訊還要弱。從經驗上來看，這點應該不難理解。

××整体院 5.0★★★★★(8)・整体 東京都○○区○○1-2-3 営業中・営業終了時間 19:30
カイロプラクティック△△ 4.2★★★★☆(11)・整体 東京都○○区○○ 4-56 営業中・営業終了時間 20:00
○○治療院 レビューなし・整体 東京都○○区○○7-8 営業中・営業終了時間 20:00

搜尋「地名＋整復推拿」時的搜尋結果範例圖。正常來說，應該沒什麼使用者會優先點擊第3家店

下圖為購物時參考評論的程度。無論哪個年齡層，「大幅參考」與「會參考」合計都是6成多，可見有過半數的人或多或少會參考評論。年齡層越低，「大幅參考」的比率越高，看得出來年輕人購物時通常會參考評論。

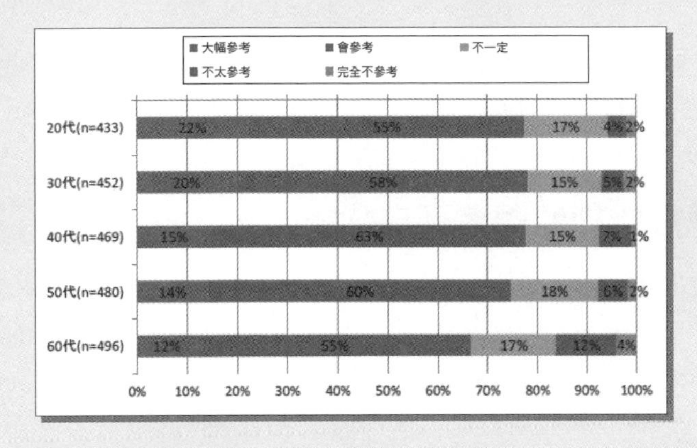

下圖為是否曾根據評論，決定要前往的餐飲店、旅行地點或是購買商品。無論哪個年齡層，「有過好幾次（5次以上）」和「有過幾次（未滿5次）」合計都是8成多，可見大部分的人都有過這樣的經驗。看得出來年齡層越低，「有過好幾次（5次以上）」的比率越高。

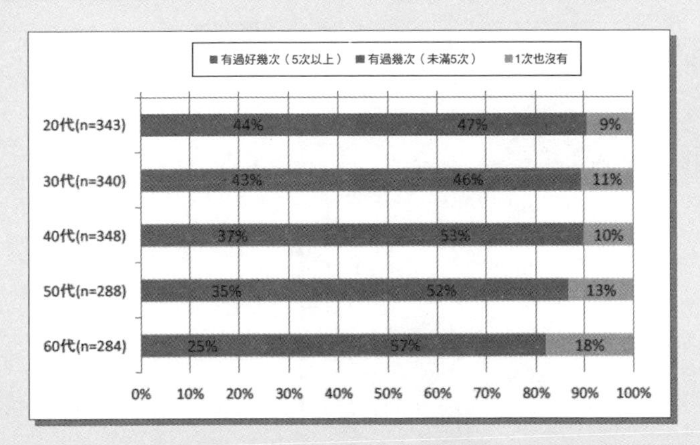

出處：資訊通信綜合研究所股份有限公司「未反映在GDP上的ICT對社會福利之貢獻相關調查研究　報告書」（2016年3月／http://www.soumu.go.jp/johotsusintokei/linkdata/h28_04_houkoku.pdf）

36 增加評論數的方法

留言雖然有可能自然增加，不過積極地「設法增加」也很重要。大家不妨運用以下的方法增加評論吧！

★ 拜託店裡的顧客撰寫評論

「Google我的商家」的商家專頁（商家檔案）裡，就有專屬的網頁網址（URL）。P.48介紹了將網址變得簡短好記的方法，儘管縮短過的網址適合放在名片上，但要告訴店裡的顧客還是太長了。

因此，我們來把網址變成「QR Code」，方便顧客造訪「Google我的商家」的商家專頁！只要把條碼圖案放在櫃檯旁邊，或者印在店卡或POP廣告上，顧客要留言就簡單多了。

製作商家專頁的QR Code

步驟① 第一步請先開啟電腦版的「Google地圖」，透過搜尋找到貴店。然後點擊圓形的「分享」按鈕。

步驟❷ 點一下「複製連結」，就能複製商家專頁的網址。如果出現「已複製到剪貼簿」這行提示，就點擊右上角的「×」關閉面板。

步驟❸ 接著在瀏覽器的網址列輸入「https://qr.quel.jp/」然後按下Enter。「QR推廣」是「可免費製作QR Code的服務」，產生的QR Code數量為日本第一，筆者也很愛用這個網站。點擊頁面中央的「立刻製作」。

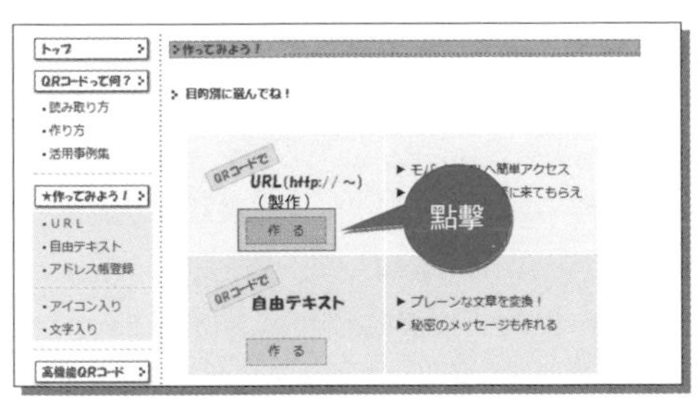

步驟❹ 點擊最上面的「用QR Code取代網址」項目下的「製作」。

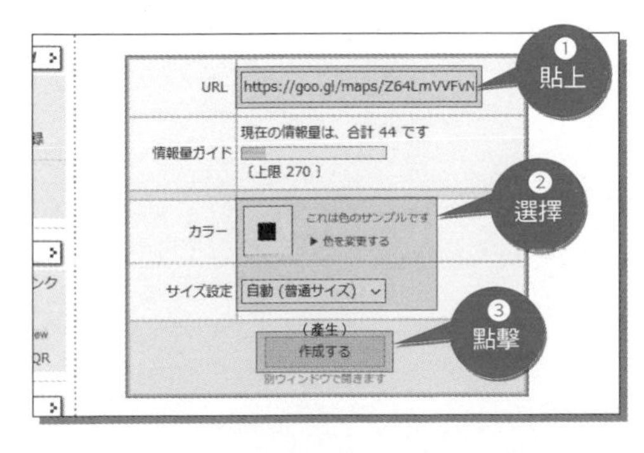

步驟❺ 在「URL」欄位貼上剛才複製的網址。隨意選擇顏色與大小，然後點「產生」。

步驟❻ 網站很快就產生QR Code的圖案，並且可以儲存下來。圖片格式就選擇一般通用的「PNG」或「JPEG」吧！

★ 拜託既有顧客撰寫評論

「Google我的商家」的「在 Google 網頁獲得評論」說明（https://support.google.com/business/answer/3474122）裡，提供的第一個訣竅就是「提醒客戶留言」。雖然拜託顧客留言是非常單刀直入的做法，但這也可以說是最實際的辦法。趁著打電話、寫電子郵件或紙本書信給既有顧客時，試著直接拜託對方「希望您能到『Google地圖』寫下您對本店的感想」吧！

使用前述步驟❶～❷的方法，就能得知「Google地圖」上貴店專頁的網址，這種時候只要在電子郵件或書信裡附上網址，即可提高收到顧客留言的機會。

但是，不能提供獎勵

另外請注意，「Google我的商家」的說明提到「Google評論政策禁止為了徵求客戶評論而提供獎勵」（https://support.google.com/business/answer/7035772）。舉例來說，商家不可提供「寫過評論的顧客可獲得1000日圓的折價券」之類的獎勵。

「回覆」評論累積信賴

★ 回覆評論的效果

「顧客撰寫的評論」影響很大，而評論數與評分的多寡似乎也對集客有很大的影響，不過顧客又是怎麼看待「商家針對留言的回覆」呢？以下為各位介紹一項調查，雖然資料有點舊，但還是有參考價值。

▶看到飯店的管理員回覆留言，會覺得飯店很重視住宿客（77%）

▶相較於管理員不回留言的同等級飯店，更願意預訂管理員會回覆留言的飯店（62%）

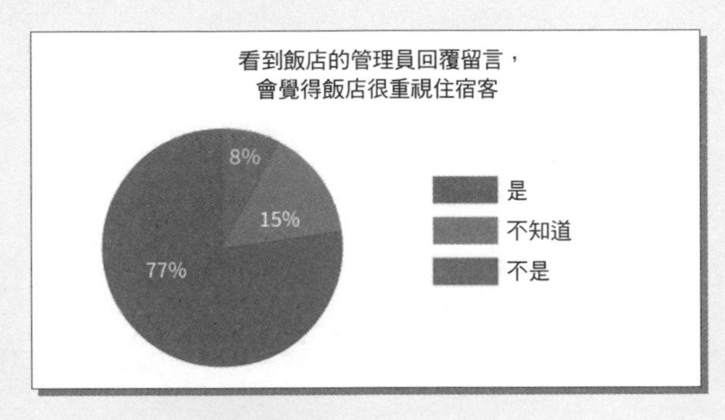

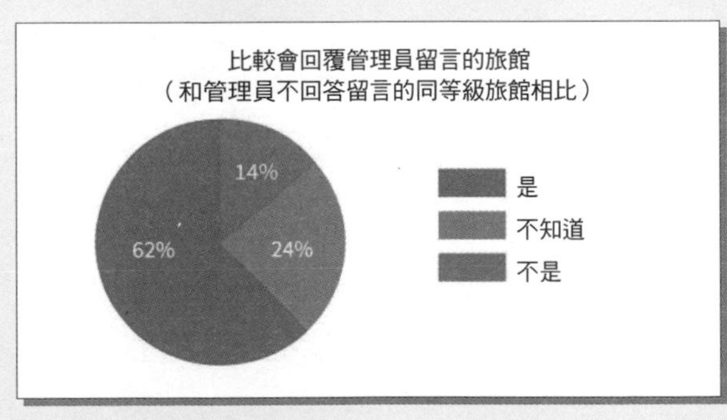

▶不太願意預訂以攻擊性言論／自我辯護來回覆負面評論的飯店（70%）

▶管理員若適當回覆負面評論，對飯店的印象會變好（87%）

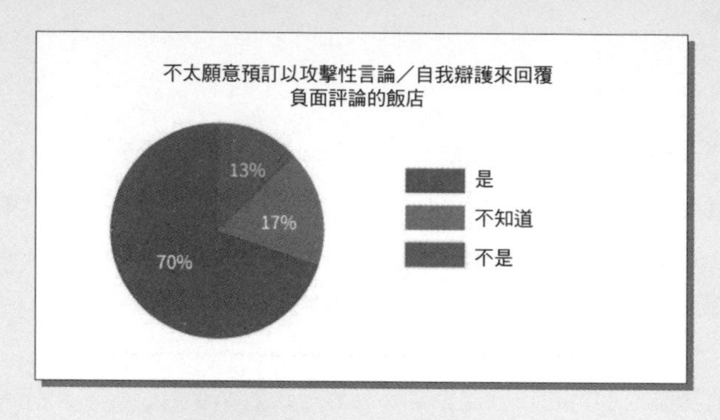

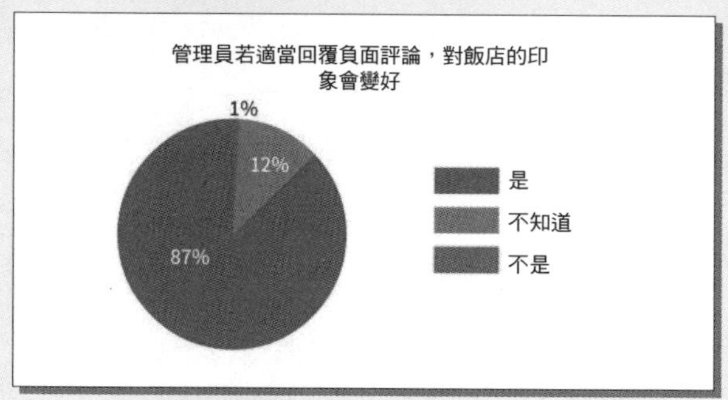

出處：PhoCusWright「"Custom Survey Research Engagement", prepared for TripAdvisor」（2013年12月）

雖然這是針對住宿業進行的調查，不過其他行業應該也能做個參考。另一項調查結果也顯示「會回覆留言的商家，其顧客信賴度為76%，不會回覆的商家則為46%，兩者相差1.7倍」（「Benefit of a Complete Google My Business Listing」Google／Ipsos調查，2016年10月）。

回覆評論，也能讓初次查看商家檔案的網路使用者認為「好像可以信賴」，意義非常重大。總而言之，「回覆評論能夠累積信賴」。

★ Google對於回覆評論的看法

Google對於「回覆評論」有什麼看法呢？如果對「Google我的商家」的運用有什麼不瞭解之處，就回頭去看第1章的內容吧！

・管理和回覆評論

回覆客戶評論是與客戶交流互動的好方法，這表示您很重視客戶對您商家的意見回饋。如果客戶樂於與您互動且提出正面評價，除了能提高您商家的能見度，也會提高潛在客戶上門光顧的意願。您也可以建立方便使用者留下評論的連結，藉此鼓勵更多客戶提供評論。

（引用：https://support.google.com/business/answer/7091）

這段說明的重點就是「要回覆收到的評論」、「長久累積下來便能提高潛在顧客上門光顧的意願」。意思跟前面介紹的調查結果可說是不謀而合。

★ 學會回覆評論的方法

我們先從使用者（可在「Google地圖」撰寫評論的使用者，即「Google在地嚮導」）幫商家撰寫評論的步驟看起吧！

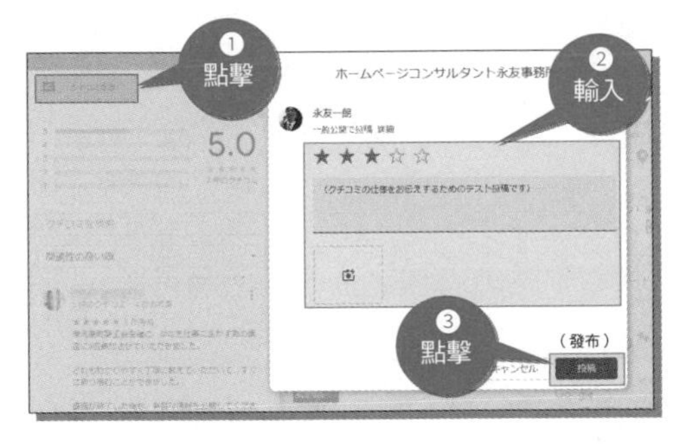

步驟① 使用者先在「Google地圖」上，找到想寫評論的商家。然後點一下「撰寫評論」，就能給予星級評分並且撰寫評論（也有不少使用者只評分，不寫評論）。點擊「發布」，評論就會出現在商家的評論欄位裡。

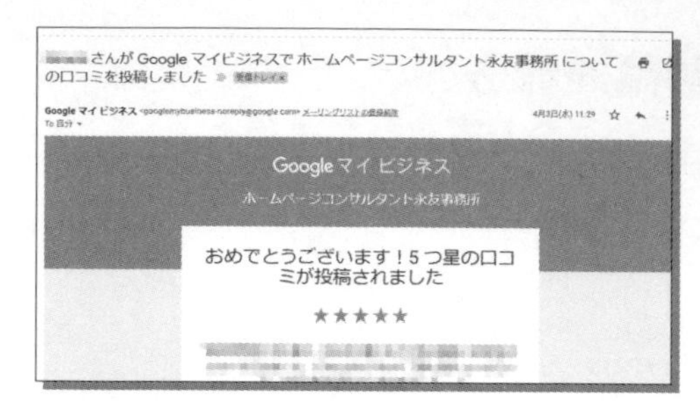

步驟② 使用者發表了評論之後，Google就會發送如左圖的通知信給貴店（要在電子郵件通知的設定裡預先勾選「客戶評論」，請參考P.128）。

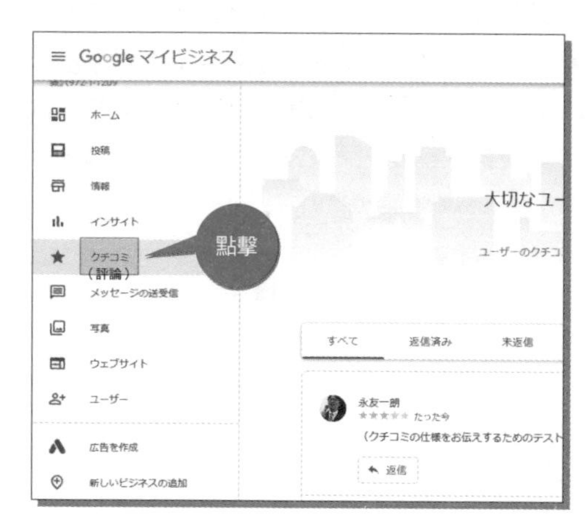

步驟③ 若想要回覆評論，就點擊「Google我的商家」管理畫面左邊選單的「評論」。

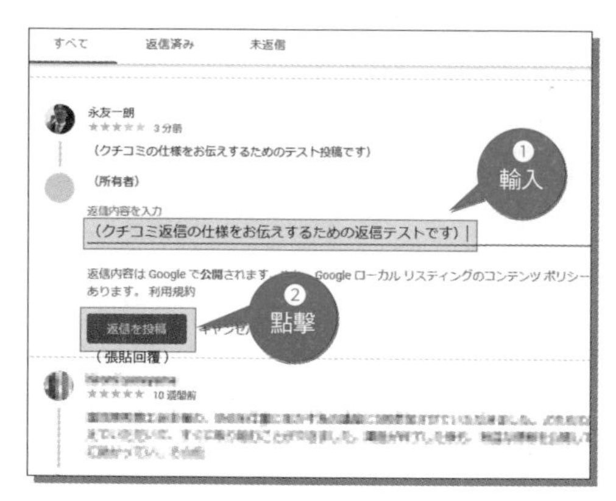

步驟④ 「評論」畫面會列出貴店收到的所有留言。如同這個畫面上寫的「逐一回覆每則留言，讓客戶感受到您的誠意」，看得出來Google相當要求「與撰寫評論的使用者交流互動（簡單來說就是回覆）」。找到想回覆的評論，點一下「回覆」，輸入回覆內容，再點「張貼回覆」即可。

38 回覆高分評論時的重點

★ 回覆高分評論時的重點

如同前述，發布評論與回覆評論的方法都很簡單。接下來終於要進入正題了。收到高分評論時，要回覆什麼樣的內容才好呢？以下是筆者建議的回覆內容。

評論範例

前陣子跟家人一起到這裡用餐。送菜服務員的解說簡單易懂又仔細。

特別推薦清烤鰻魚。吃的時候沾山葵醬油或鹽巴。就連不太敢吃鰻魚的媽媽都吃得很開心。下回還想再去一次。

回覆範例

○○先生／小姐，非常感謝您光顧本店，並且給予令人開心的評價。

感想裡提到的清烤鰻魚，其實我們也非常推薦。感謝您的讚美。

主廚得知您的感想後，同樣非常開心。

海鰻料理在夏季非常受歡迎，希望○○先生／小姐也能來本店品嘗看看。全體員工都衷心期待您再度光臨。

上述內容有「3個回覆重點」，筆者逐一為大家說明吧！

▶（1）讚賞顧客的著眼點

在本例中，顧客特別針對「清烤鰻魚」發表感想。回覆時要提及這個部分喔，這麼做也能讓顧客知道貴店有認真看過這則感想。如果表明「本店也很講究您給予好評的部分」，顧客應該會很開心。

▶（2）表明其他員工看到評論後都很高興

不要只是告訴顧客「身為網路行銷員的自己看過評論了」，如果能描述自己與其他員工分享這則評論的情形，顧客應該會覺得「自己（的意見）受到了重視」。

▶（3）若無其事地宣傳其他部分（也要留意查看回覆的其他使用者的目光）

商家一旦回覆評論，撰寫該評論的使用者就會收到電子郵件。使用者有可能經由這封郵件的通知，前去查看「店家針對該評論給予的回覆」。另外，「Google地圖」的其他使用者也看得到該則評論與回覆。換句話說，可以將這段交流內容「展示」給一般使用者看。

如同前述，「許多使用者都會查看評論的回覆」。把回覆當作宣傳機會，「若無其事地宣傳其他部分（本例為『海鰻』）」，對集客而言也是很重要的。

電子郵件通知的設定

點一下「Google我的商家」管理畫面的「設定」項目，就可以設定「想要收到Google發送的何種郵件」。畫面中有各種項目可以設定，例如「客戶評論」是當顧客發表評論時會收到通知，「客戶訊息」是當顧客傳送訊息時會收到通知，「相片」則是與相片有關的訣竅與快報。建議各位至少要接收「客戶評論」與「客戶訊息」的電子郵件通知，讓自己能夠立刻查看顧客的留言。

39 收到低分評論時的NG行為

相信每個生意人都想獲得「很棒！」、「非常好吃！」之類的好評與「5顆星」吧。筆者認為顧客的滿意意見，是給揮汗工作者的獎勵。不過，無論原因為何，有時候還是會收到「負評」。付出努力卻收到負評，當然很容易讓人心情跌入谷底。

筆者在從事顧問工作之餘，也在商工會議所、商工會等組織擔任網路應用講座的講師。幾年前，筆者在某地舉辦講座時，才開講5分鐘左右就有一名聽講者離開現場。

那位聽講者在問卷裡抱怨，大意是說：「第一次見到水準這麼低的講座，實在很失望。講師沒發現自己還不足以獨當一面，真可憐。」筆者當了17年的講座講師，還是頭一次收到這種感想。儘管這已是幾年前的事了，那道心理創傷至今仍未平復。

★ 收到低分評論時的4大禁忌

收到負評時心情會很沮喪，這種時候該怎麼處理比較好呢？我們先從收到低分評論時「不可以觸犯的禁忌」看起吧！

▶（1）為了道歉而打電話到顧客家

顧客有可能是瞞著家人偷偷上門光顧的。在「Google地圖」留下低分評論的使用者，絕對不希望商家「聯絡」他。這種時候，只要當場（使用「Google地圖」的評論回覆功能）予以回應就夠了。

▶（2）不道歉

筆者有過處理客訴的實務經驗，這個故事稍後會再介紹。此外，筆者目前也會提供客戶有關回覆評論的建議。根據筆者的經驗，如果收到客訴郵件或低分評論卻不「道歉」，基本上一定會發生第二次客訴。面對顧客的責備，我們沒有「不道歉」這個選擇，各位最好要有這個觀念。

▶（3）情緒性地處理客訴

「Google我的商家」的評論回覆內容是「公開」的。也就是說，廣大的網路使用者都看得到。這意謂著，無論回覆內容是好是壞，都有可能被轉貼到網路留言板或社群網站上。請盡量不要留下「別再來了!!」、「我們也覺得你是個奧客」之類情緒性的回覆。

▶（4）提及顧客的評論裡沒寫到的部分

顧客並不會在評論裡寫下所有感想。另外，顧客也有可能不想提起某些事。若是在「回覆」裡提到顧客刻意不寫的事，這是很沒神經的行為，還有可能侵害顧客的隱私。

辦不到的事就老實回答辦不到

回覆顧客時，「辦不到的事就老實回答辦不到」這點也很重要。舉例來說，如果收到「要求開除店員」的客訴，即使顧客生氣是有道理的，這仍是「辦不到」的事。這種時候別直接告訴顧客「沒辦法開除他」，而是委婉地回答「我們會負起責任好好教育員工，還請您多多包涵」。

另外，回覆客訴時，也要避免使用「不會再犯這種錯誤」、「今後絕對不會再發生這種情況」這類斷定的說詞，因為有可能會被顧客挑語病。

40 回覆低分評論時的重點

★ 回覆客訴「信」必寫的12個基本項目

本章談的是，適當回覆「Google我的商家」評論的方法。不過，請容筆者先在這裡說明「客訴『信』（責備信）」的回覆技巧。這是因為，客訴信的處理方法與回覆技巧可以應用在低分評論的回覆上。

筆者在自行開業之前，曾於某財團法人工作了8年。當時因職務的關係，筆者也要負責處理客訴信。每次收到客訴信，心臟就會狂跳不已，頭腦更是一片空白，手心冒汗，胃痛了起來，呼吸也變得急促（這是筆者個人的感想）。

絞盡腦汁寫出來的「回覆」內容，有時不但解決了客訴，還因此獲得了優良顧客，有時則反而引發第二次客訴，占用了筆者與同事、上司許多時間。而且後者還會成為心理創傷久久不能平復，相信各位應該能憑經驗理解這一點。

坦白說，筆者希望貴店萬一收到客訴信時能夠「妥善處理」，以便「順利回避」浪費自己與周遭人的工作時間、產生心理壓力之類的情況。因此，筆者才想先說明收到客訴信時「妥善回覆的訣竅」。筆者根據親身經驗，提出12個「應加入回覆裡的項目」，將之稱為「回覆客訴信必寫的12個基本項目」，個人認為「只要這麼寫就能解決客訴（不會發生第二次客訴）」。

回覆客訴信必寫的12個基本項目

▶①顧客的姓名
▶②感謝顧客的來信
▶③客訴處理專員的自我介紹
▶④感謝顧客使用服務
▶⑤確認顧客反應的問題，並且視需要道歉
▶⑥解釋為什麼會發生此問題
▶⑦瞭解本質（心情層面），並且為這點道歉
▶⑧提出善後辦法
▶⑨感謝顧客的指教
▶⑩載明聯絡方式
▶⑪「今後也請您多多指教」
▶⑫署名

客訴信的回覆範例

接著就來看看，運用「回覆客訴信必寫的12個基本項目」的回覆範例吧！假設你同時經營實體店鋪與網路商店，販售梅乾之類的醃漬物。當你收到如下的客訴信時會怎麼回覆呢？

客訴信範例

〇〇梅乾店　你好

大約一個月前，我在你們的網路商店選購梅乾贈送給朋友。

當時確實選的是無任何字樣的「一般禮籤」，但朋友收到後卻告訴我：「我收到中元禮品（外包裝的禮籤寫著『中元』）了，謝謝你。我也會送你禮品喔！」結果害朋友費不必要的心，給他添了麻煩。

你們的網路商店到底是怎麼搞的？

運用「回覆客訴信必寫的12個基本項目」的回覆範例

〇〇　〇〇先生／小姐　您好①

感謝您的來信。②

我是××食品股份有限公司，負責提升服務品質的經營企劃室室長△△　△△。③

感謝您購買本公司的「木桶裝減鹽梅乾1.2公斤」。④

此外也為本公司誤用「中元」的「禮籤」，害您不愉快一事致上深深的歉意。⑤

在本公司的網站上購物時，「禮籤」有「一般禮籤」、「中元」、「歲末」、「其他」這4種選項。我們發現，選擇「一般禮籤」的訂單有時會被當成「中元」處理。

原因在於本公司員工的教育不夠徹底。⑥

「一般禮籤」與「中元」代表的意思不同。由於我們的疏忽，導致您送禮的心意遭到曲解，實在非常抱歉。⑦

另外，經您反應後，我們才發現還有幾筆訂單也犯了同樣的錯誤。本公司將會向這些顧客致歉，也十分感謝您本次的指教。⑨

今後本公司會更加用心教育處理訂單的員工，盡力不讓這種情況再度發生。⑧

由衷感謝您提供寶貴的意見。今後若還有其他問題，隨時歡迎您向我們反應。希望您能繼續支持本公司。⑨

另外，關於本案若有不清楚的地方，請聯絡經營企劃室室長△△　△△。

【聯絡方式】

××食品股份有限公司　經營企劃室　室長　△△　△△

電話：　　　　　　　　　傳真：　　　　　　　　電子信箱：⑩

今後也請您多多指教。⑪

＝＝＝＝＝＝＝＝＝＝＝＝＝＝＝＝＝＝＝＝＝＝＝＝＝＝
××食品股份有限公司　經營企劃室　△△　△△
住所：
電話：　傳真：　電子信箱：　網站：
＝＝＝＝＝＝＝＝＝＝＝＝＝＝＝＝＝＝＝＝＝＝＝＝＝＝
⑫

筆者在「網路社群負評、客訴信的處理及評論的回覆訣竅」講座上，講解這個客訴信的回覆範例時，許多人的反應都是：「……回信要寫得這麼長啊？」這封回信，確實比收到的客訴信還長。不過根據筆者的經驗，假如客訴信約300字，回覆也只寫300字左右的話，發生第二次客訴的機率非常高。

再提醒一次，客訴信乃至第二次客訴，不只會奪走寶貴的工作時間，也會造成身心壓力。因此，最好盡量「一次」就解決客訴。若要達成這個目標，回覆的長度標準大約是「客訴信的2倍」。

解說回覆重點

客訴信的回覆重點，在於「感謝」、「誠實」、「理解心情」。以下就來具體解說各個重點項目吧！

▶①顧客的姓名

別使用「（股）」之類的簡稱。另外，顧客的姓名後面要加上「先生」或「小姐」。

▶②感謝顧客的來信

▶④感謝顧客使用服務

▶⑨感謝顧客的指教

「謝謝」是一個帶有魔力的關鍵詞。先表達感謝之意可以緩和氣氛。回覆客訴信時並不是一直「道歉」就好，盡量多寫一些感謝的話語，反而可以平息顧客的怒火。例如「感謝您購買梅乾」、「謝謝您的指教」等等，盡量向提出客訴的顧客表達「感謝」。

▶③客訴處理專員的自我介紹

寄件者一定要報上自己的姓名。假如只寫「顧客諮詢室」之類的部門名稱，會給人逃避責任的印象。

▶⑤確認顧客反應的問題，並且視需要道歉

如果查明顧客抱怨的內容確實是自家公司的疏失，一定要針對這件事誠實道歉。

▶⑥解釋為什麼會發生此問題

一定要明確告知顧客為什麼會發生這個問題。

▶⑦瞭解本質（心情層面），並且為這點道歉

瞭解顧客之所以抱怨此問題的本質（心情層面），並且為這點道歉，這是最重要的項目。本例是客訴「一般禮籤」變成了「中元禮籤」。這種時候，如果只針對表面問題道歉，例如「不好意思，我們用錯禮籤了」，顧客會覺得「你們不懂我的心情！」而發生第二次客訴。

因此，要瞭解顧客的「心情」（客訴的本質），並且為這一點道歉，例如「不好意思，害您送禮的心意遭到曲解」、「很抱歉讓您不愉快」、「很抱歉造成不便」等等。

▶⑧提出善後辦法

不要只會道歉，提出善後辦法，營造出積極面對問題的印象！

▶⑩載明聯絡方式

回信要載明寄件者的聯絡方式喔！這是因為沒寫聯絡方式的話，萬一發生第二次客訴，顧客有可能會打電話到「公司代表號」，或向「總部」、「總公司」投訴。這樣一來事情就會鬧大，變得難以收拾。

▶⑪「今後也請您多多指教」

▶⑫署名

在文末加上結尾應酬語以及署名，讓這封回信有個良好的結尾！

★ 回覆低分評論必寫的8個基本項目

接下來終於要進入正題，我們來看「Google我的商家」低分評論的回覆技巧吧！建議各位參考「回覆客訴信必寫的12個基本項目」來回覆評論，其中有8個項目最好要寫進去。

回覆低分評論必寫的8個基本項目

▶①顧客的姓名

▶②感謝顧客使用服務以及撰寫評論

▶③確認顧客反應的問題，並且視需要道歉

▶④解釋為什麼會發生此問題

▶⑤瞭解本質（心情層面），並且為這點道歉

▶⑥提出善後辦法

▶⑦感謝顧客的指教

▶⑧「今後也請您多多指教」

低分評論的回覆範例

那麼，我們來看看收到低分評論時要怎麼辦吧！以下為虛構的範例。

低分評論與回覆範例1：美睫店

廣美

12則評論・32張相片

★☆☆☆☆　1週前

前幾天到這家店接睫毛，沒有指定美睫師。結果睫毛沒什麼捲翹感，跟原先期待的效果差很多。

我的睫毛應該沒救了，所以打算去別家店重接。

虧我那麼期待，還特地請了有薪假，坦白說實在很失望。

業主回應　1週前

廣美小姐您好①

非常感謝您前幾天造訪本店。另外，也謝謝您留下感想。②

效果不符合您的期待，完全是本店員工技術不足的關係。您特地請假造訪本店，本店卻未能達到您的期待，害您感到不愉快，實在是非常抱歉。③④⑤

得到您的指教後，本店再度舉行內部的技術培訓。今後也會請員工加強磨練技術，努力防止類似的情況再度發生。⑥

非常感謝您提供寶貴的意見。今後也請您多多指教。⑦⑧

低分評論與回覆範例2：飯店

Mika

10則評論・63張相片

★★☆☆☆　2週前

這次投宿在〇〇飯店，客房裡的香味（？）太刺鼻了，讓人睡不著覺。連衣服都沾上那股不好聞的味道，實在很糟糕。

我猜那股臭味應該來自「〇〇飯店嚴選香氛精油」。這款香氛精油應該是專為女性提供的吧，可是味道實在太難聞了。希望飯店能夠改善。

業主回應　2週前

Mika小姐您好①

感謝您這次選擇入住〇〇飯店。我是飯店經理△△。非常謝謝您給予評分與感想。②

之前未曾有人反應過香味的問題，很抱歉讓您感到不舒服。③

關於香味的問題，應該就跟您猜測的一樣，是來自於「〇〇飯店嚴選香氛精油」。這是紀念本飯店開幕5週年特別調製的獨家香氛，沒想到會讓您感到不愉快，實在是不好意思。④⑤

我們已依照您的要求進行改善，今後會先詢問顧客意願再設置精油擴香儀。感謝您的寶貴意見。⑥⑦

非常感謝您這次提供我們寶貴的意見。本飯店全體員工皆衷心期盼您再度光臨。⑦⑧

●●飯店　經理▲▲

再提醒一次，別為表面的問題道歉，應該把焦點放在心情層面上為這點道歉。

▶接好的睫毛不夠捲翹，實在很抱歉
▶香氛味道不好聞，實在很抱歉

像這樣回覆的話會讓人覺得敷衍，有時還可能引發第二次客訴。第二次客訴若置之不理，也有可能演變成「網路社群負評」之類的情況，風險越來越大。

▶很抱歉讓您感到不舒服
▶結果讓您不滿意，實在很抱歉
▶給您造成不便，真的很不好意思
▶很抱歉，這是我們的疏失
▶未能符合您的期待，真的很抱歉

應該要像上述這樣，針對心情層面向顧客道歉。另外，只會連說「對不起」的「道歉」也會給人敷衍的印象。

▶非常感謝您光顧本店
▶非常謝謝您提供寶貴的意見

另外，像上述這樣表達「感謝」軟化對方的態度也是很重要的。希望大家能參考「回覆低分評論必寫的8個基本項目」，平息客訴者的怒火，並且讓看到這則評論與回覆的「潛在顧客」留下好印象。

41 回覆低分評論的實際操作

★ 從發現評論到後續追蹤的流程

那麼，發現低分評論後該怎麼處理，回覆評論後又該做什麼才好呢？以下是筆者建議的流程。

步驟① 收到負評後要馬上通知全體員工。這是因為，顧客是出於某個原因才會給「負評」，如果不解決這個「原因」，依然有可能惹怒其他的顧客。

步驟② 整理顧客的投訴內容，按照以下的項目分類。

・投訴內容為何？投訴的問題有幾個？

・投訴的內容是事實嗎（向員工查證）？抑或是事實加上顧客的推測？

步驟③ 如果查證要花時間（1～2天以上），就先回覆顧客貴店已看到評論，並告知會盡快回答問題（回覆內容可再次編輯）。仔細查證、仔細思考後再回覆的話，顧客有可能會覺得「回覆得太慢了！」。

步驟④ 瞭解客訴的本質（瞭解心情層面）。瞭解這個問題帶給顧客什麼樣的混亂／損害／不安。畢竟「讓顧客不愉快」是不爭的事實，就算只是局部問題也一定要道歉。

步驟⑤ 撰寫回覆草稿。寫完以後，盡可能請其他同事檢查，看看有沒有錯漏字或其他問題。

步驟⑥ 文章沒問題的話就回覆顧客。

步驟⑦ 將低分評論與回覆文章印出來「歸檔」，以便員工之間互相分享資訊。

★將低分評論運用在商家的經營上

有經驗的人應該都知道，處理客訴非常浪費時間。因此，為了今後的員工著想，把浪費的時間與這段經驗拿來善加運用是很重要的。建議各位不妨把這段經驗，轉換成「這種時候只要這樣回覆就能解決客訴」之類的Know-How。

另外，日常業務中若有「顧客常問的問題」，這也有可能成為引發客訴的火種。顧客常問就「證明這件事並非眾所周知」，因此要採取「預防」措施，例如在自家網站上刊登「常見問題」，或在窗口擺放紙本說明。

「常見問題」範例（https://8-8-8.jp/qanda）

「常見問題」的代表類型

- ▶YES／NO型…「不管住在哪裡都可以申辦嗎？」
- ▶疑慮型…「真的是○○嗎？」
- ▶資訊不足型…「請告訴我傳真號碼。」
- ▶新手型…「沒經驗的人也能上手嗎？」「能夠輕鬆○○嗎？」
- ▶步驟型…「是怎麼○○的呢？」「○○會持續到什麼時候呢？」
- ▶保固型…「在家裡要怎麼處理才好？」

42 評論可以刪除嗎？

很遺憾，業主不能刪除收到的評論。能夠刪除評論的，只有留言的當事人而已。不過，違反Google規範的留言可以舉報為不當評論，換句話說就是可以「申請移除」。在「Google的評論相關規範」中，禁止與受限的內容遍及各個層面，例如「未如實反映體驗、造假的內容」等等，請各位務必查看相關說明。

▶禁止內容和受限內容
https://support.google.com/contributionpolicy/answer/7400114

★ 檢舉不當評論的方法

接下來就為各位說明，「檢舉不當評論」的步驟。首先點一下管理畫面左邊選單的「評論」，接著點想檢舉的評論右邊的「…」符號，再點「檢舉不當內容」。

接著，再點選這則評論違反了什麼規定，然後提交出去就完成檢舉了。Google審查後，如果判斷違規就會移除該則評論（有時要花上幾天）。不過，這麼做只是向Google舉報「我覺得這則留言違規囉」，該則評論很有可能不會遭到移除。因此筆者認為，藉著回覆留言的機會，冷靜陳述貴店的意見，並且視情況道歉，才是比較實際的處理方式。

43 「只給星級評分」也要回覆嗎？

★ 建議還是要回覆，內容很簡短也沒關係

關於「Google我的商家」，常有經營者問筆者：「如果顧客只給星級評分，沒有留下評論，該怎麼回覆才好？」最簡單的做法就是「不回覆」，但這麼做也有可能讓人覺得「這家店只在有留言時才回覆……」。因此，建議大家還是要回覆，內容很簡短也沒關係。

（例）

Takuya
84則評論・267張相片
★★★★☆　3週前

業主回應　3週前

Takuya先生

感謝您的評分。
期待您再次光臨本店。

另外，「很久以前就收到卻沒注意到的評論」最好也要補上回覆。無論如何，「有時回覆，有時不回覆」給人的印象最不好。

COLUMN 5

「Google我的商家」的「追蹤」功能

「追蹤」是「Google我的商家」的功能之一，只要「Google地圖」使用者「追蹤」（按下「追蹤」按鈕）有興趣的商家，就能收到該店的通知。

從「追蹤」這個詞，以及「可收到商家的最新消息」這個概念，不難想像「Google我的商家」是為了跟上Facebook粉絲專頁、Instagram、Twitter等社群網站才推出這項功能的。就算「Google我的商家」轉型成社群網站，這也沒什麼好奇怪的。如果真的轉型成社群網站，對業者而言，「Google我的商家」有可能變成一個在「搜尋行銷」與「社群行銷」這兩方面都「不可或缺」、「非用不可」的工具。

筆者在「Google地圖」追蹤了「鎌倉戚風」，因此能在「Google地圖」應用程式的「為你推薦」分頁查看該店的通知

第6章

提高集客成效的外部措施與管理技巧

44 刊登在網路上的商家資訊要一致

例如同前述，「Google我的商家」是商家在網路上招攬顧客（尤其是使用智慧型手機的新顧客）時非常重要的工具。商家提供完整詳細的「資訊」、上傳許多「相片」、發布「貼文」、回覆使用者的「評論」，正是將「Google我的商家」運用到極致的方法。

但是，商家要在網路上招攬顧客，光靠「Google我的商家」是不夠的。舉例來說，相信各位都知道，「預約網站與口碑網站」對餐飲業、住宿業、美容相關產業等等的影響頗大。此外，顧客並非只會透過「搜尋」查找商家，也有不少使用者是「透過社群網站取得資訊」的。筆者想在第6章的開頭，跟各位談談這類「預約網站」、「口碑網站」與「社群網站」。

★ 刊登在社群網站與各種美食網站的商家資訊要一致

這裡再次引用「Google我的商家」的說明。

・Google如何決定本地排名

本地搜尋結果主要是以關聯性、距離和名氣為依據。綜合上述因素後，我們就能找出最符合客戶搜尋字詞的結果。舉例來說，Google演算法可能會做出以下判斷：相較於距離近的商家，距離遠的商家更能提供貼近使用者需求的服務，因此在本地搜尋結果中能獲得較高的排名。

・關聯性

關聯性是指使用者搜尋字詞與本地商家資訊的吻合度。只要您提供完整詳細的商家資訊，Google就能更瞭解您的服務內容，並在客戶的相關搜尋結果中列出您的商家資訊。

（引用：https://support.google.com/business/answer/7091）

再復習一次，假如該地區周遭有許多企業與商家，Google會「以綜合觀點」決定這些企業與商家在地圖上的刊登位置（商家資訊排名）。Google在說明中表示，他們是「綜合各種因素」來決定排名的。那麼，這個「因素」是指什麼呢？由於Google並未公布這項資訊，我們只能自行推測了。筆者合理地認為，「預約網站」、「口碑網站」、「社群網站」、「官方網站」的資訊也包含在因素內。

不過，業者並沒有辦法向Google申請，請他們把某個「預約網站」、「口碑網站」、「社群網站」、「官方網站」的資訊，視為「這家企業或店家的資訊」。Google是以機器判斷「這個口碑網站的商家專頁，刊登著『Google我的商家』裡這家店的資訊」。因此，為了讓Google能做出正確的判斷，「預約網站」、「口碑網站」、「社群網站」、「官方網站」的資訊，最好要跟「Google我的商家」的資訊一致，尤其是以下的資訊：

▶商家名稱
▶所在地點（地址寫法）
▶電話號碼

這3種資訊合稱為「NAP」。

「NAP」是取

▶Name（店鋪或公司名稱）
▶Address（地址）
▶Phone（電話號碼）

三者的第一個字母縮寫而成。

在網路上提及（引述）NAP時使用統一的格式，有助於使用者在「Google地圖」等服務上查詢本地資訊時能顯示合適的搜尋結果。

通常就算寫法稍有不同，Google也會忽略細微的差異，將之視為相同的資訊才對，不過NAP還是要完全一致比較好。

（引用：印象股份有限公司「網路行銷員論壇」，https://webtan.impress.co.jp/g/nap）

請自行到「預約網站」、「口碑網站」、「社群網站」、「官方網站」的管理畫面，編輯這3種資訊。

★「Google我的商家」也會顯示美食網站的資訊

位於神奈川縣中郡大磯町的「烏龍AGATA」，是非常受歡迎的烏龍麵店，經常登上美食雜誌之類的媒體。

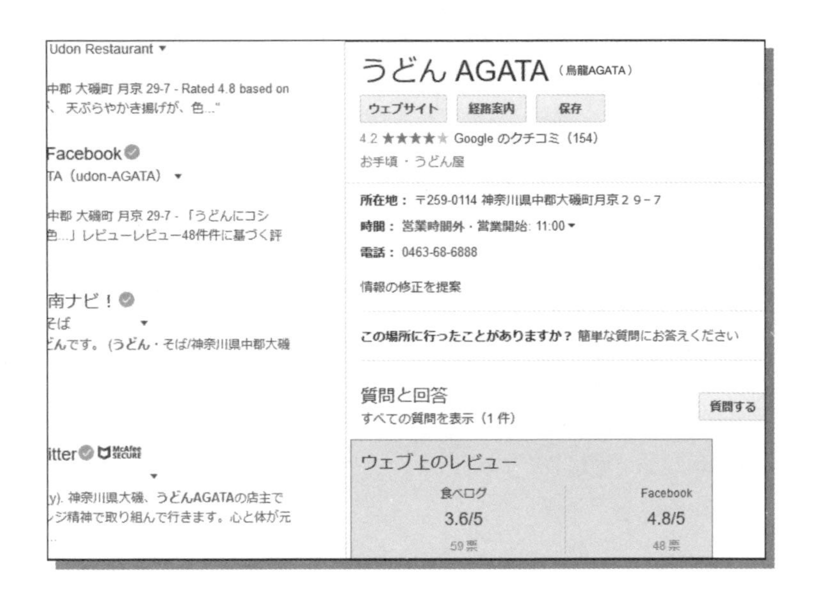

在Google搜尋「烏龍AGATA」這個店名時，畫面右邊會出現登錄在「Google我的商家」的商家資訊。這個版位還顯示了「Tabelog」以及「Facebook」的評論。換句話說，Google也會參考「Tabelog」與「Facebook」的商家資訊。筆者推測，「烏龍AGATA」是因為「Google我的商家」、Tabelog與Facebook粉絲專頁的「NAP」全都一致，才能順利地將三者連結起來。

另外以餐飲店來說，日本的「Google我的商家」，與「Tabelog」、

「GURUNAVI」、「Hot Pepper美食」、「Toreta」等網站都有業務合作，使用者可在「Google我的商家」的商家專頁中，透過這些預約網站訂位。而位在筆者家附近的人氣咖啡廳「484cafe」，其商家資訊也顯示了各種預約網站，使用者可選擇慣用的服務進行預約。對使用者而言，好處是「通勤時也能在電車裡透過應用程式預約，不必打電話」，今後餐飲店的網路訂位數應該會節節攀升吧。

「484cafe」的商家專頁

另外，餐飲店的「Google我的商家」管理畫面，有個區塊可以連結各種預約服務。各位也可以點一下左邊選單的「預約」，試著手動登錄。不過，「Tabelog」、「GURUNAVI」、「Hot Pepper美食」等連結有時也會自動顯示。（譯註：此為日本版的功能）

可在「預約」項目下，連結各種預約服務

運用社群網站與部落格獲得加乘效果

★ 社群網站是「網路上的集會所」

本章開頭提到「商家要在網路上招攬顧客，只靠『Google我的商家』是不夠的」。「Google我的商家」是「搜尋時才會看到的媒體」。但是，使用者並不會一整天都在使用搜尋引擎。下圖是社群網站用戶數的變化。

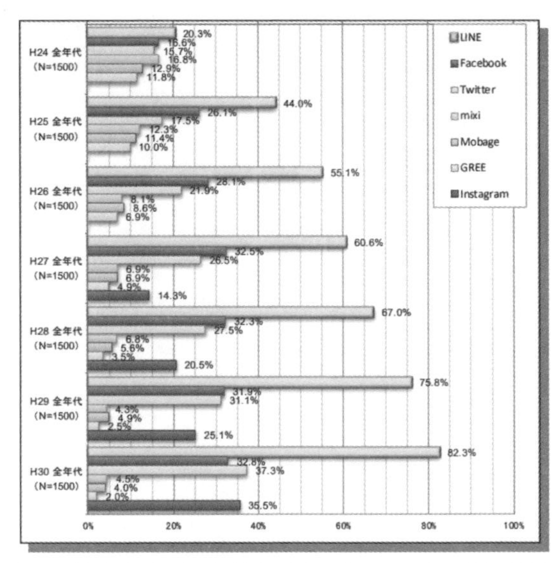

總務省資訊通信政策研究所「平成30年度　資訊通信媒體的使用時間與資訊行為之調查」（http://www.soumu.go.jp/main_content/000644168.pdf）

看得出來，LINE、Twitter、Instagram等主要的社群網站用戶逐年增加。筆者總是把「社群網站」比喻成「網路上的集會所」。各位可以想像一下這樣的畫面：當沒什麼顧客走在實體店前面的步道時，其實許多人都聚集（嚴格來說是進進出出）在「社群網站」這個網路上的集會所裡。

這個集會所有著「免費」且可以「不停」推廣商家的機會，因此筆者認為中小企業與店家沒理由「不經營」社群網站。當然，我們不必個別準備「Google我的商家」的「貼文」，以及在社群網站上發布的內容。同一個貼文題材，可以同時發布在「Google我的商家」與社群網站上。另外，只要使用「貼文」功能設置「瞭解詳情」按鈕（參考P.82），將按鈕連結設定成部落格、Instagram或Facebook粉絲專頁，就能讓更多人知道「啊，原來這家店也有經營社群網站呀」。建立數個接觸點宣傳貴店的迷人之處才是上策。

★ 還可以提高搜尋結果頁面上的排名

另外，關於「Google如何決定本地排名」，前面介紹過的Google官方說明指出「本地搜尋結果主要是以關聯性、距離和名氣為依據。綜合上述因素後，我們就能找出最符合客戶搜尋字詞的結果」。

・Google如何決定本地排名

本地搜尋結果主要是以關聯性、距離和名氣為依據。綜合上述因素後，我們就能找出最符合客戶搜尋字詞的結果。舉例來說，Google演算法可能會做出以下判斷：相較於距離近的商家，距離遠的商家更能提供貼近使用者需求的服務，因此在本地搜尋結果中能獲得較高的排名。

據說「名氣」就是指「網路上提到該商家的次數多寡」。簡單來說就是：「Google我的商家」以外的網路媒體及社群網站上，是否刊登許多有關該店家或公司的資訊，最終會影響「『Google我的商家』之『最符合客戶搜尋字詞的結果』」。

那麼，眾多社群網站當中，哪個社群網站能夠有效幫助商家在網路上招攬顧客（新顧客）呢？接下來筆者就按照推薦的順序為大家介紹。

可用相片向新顧客宣傳的「Instagram」

Instagram是日本用戶數突破3300萬人（2019年3月）的社群網站。

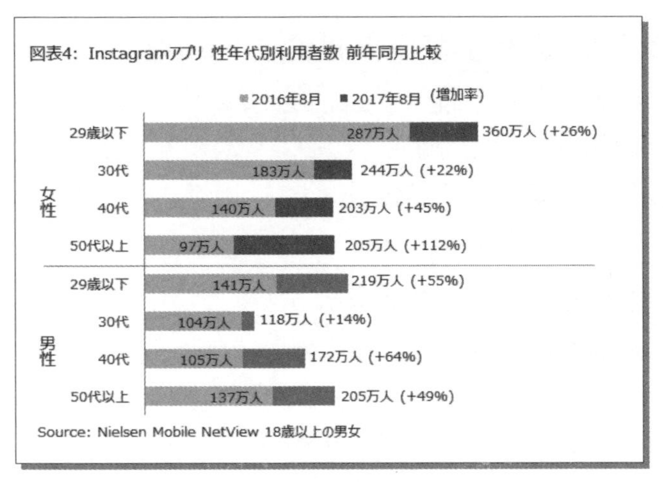

尼爾森數位股份有限公司「Instagram應用程式男女各年齡層用戶數　與去年同月比較」
（https://www.netratings.co.jp/news_release/2017/09/Newsrelease20170926.html）

早期掀起話題時，大家都說這是「適合10幾歲～20幾歲女性的社群網站」，但近年來50歲以上的女性用戶，以及各年齡層的男性用戶都急速增加。Instagram也能在電腦上觀看，不過基本上大多數的人都透過智慧型手機使用該服務。

用戶都會在Instagram上發布相片或影片。除了個人以外，企業與店家當然也可以免費使用。

★ 主題標籤的用法決定成敗

那麼，企業與店家在運用Instagram時，該怎麼做才能接觸到顧客呢？直接了當地說，答案就是使用「主題標籤」。下圖是筆者個人的Instagram帳戶發布的某則貼文。

主題標籤就相當於添加在貼文裡的關鍵字，每則貼文最多可放30組主題標籤。只要在半形井字號後面隨意加上字詞，這段文字就會變成主題標籤。使用起來並不困難，只須注意「半形井字號與字詞之間不能有空格」、「不能使用＄或％之類的特殊字符與空格」等規定即可。另外，主題標籤無法「據為已有」，任何人都可以自由創建主題標籤。以上圖的貼文為例，筆者添加了以下的主題標籤。

#unagi #fujisawafood #shonanlife #shonan #japanesefood #japantrip #japanstyle #japan #madeinjapan #explorejapan #instagramjapan #foodstagram #lunchtime #unaju #永友一朗 #鰻魚盒飯 #驚為天人 #鰻魚料理一幸 #藤澤散步 #藤澤午餐 #湘南午餐 #芝麻豆腐 #河豚料理 #蒲燒 #kabayaki #藤澤市打 #寒川午餐 #茅崎午餐 #藤澤和食 #日本料理藤澤

另外，Instagram有搜尋相片與影片的功能。在搜尋列輸入文字後，基本上會列出添加「主題標籤」的貼文。平常有在使用Instagram的人，請試著在Instagram搜尋「日本料理藤澤」看看，筆者的這則貼文應該會出現在搜尋結果上。這是因為筆者添加了「＃日本料理藤澤」這個主題標籤，搜尋結果才會顯示這則貼文。

「如何使用主題標籤」這項調查結果*1指出，10歲～30歲年齡層的女性在Instagram上使用主題標籤搜尋的比率超過8成。

我們可以合理認為，Instagram的用戶除了觀看朋友的相片幫忙按「讚」外，還會在Instagram上找東西。若要觸及「在Instagram上找東西的新顧客」，最重要的就是記得在發布的貼文裡加上主題標籤。

★ 建議企業與店家使用的主題標籤

下面的表格是建議企業與店家使用的主題標籤。

種類	範例
地名	#藤澤　#湘南
一般名稱	#咖啡廳　#髮廊
專有名詞（店名、商品名稱、製造商名稱、型號等）	#開朗咖啡廳　#網頁顧問永友事務所
將上述項目翻成英文（小寫）	#cafe　#shonan
代表日本的字詞	#japan　#japantrip　#madeinjapan
組合	#咖啡廳巡禮　#湘南咖啡廳　#藤澤站北出口

當中特別重要的就是「專有名詞」與「組合」這2種主題標籤。前述的調查結果也指出，許多用戶會「以店名、品牌名稱等專有名詞進行主題標籤搜尋」。換句話說，他們應該是為了以下的目的，才搜尋專有名詞主題標籤：

＊1　comnico inc.／AGEHA Inc.「調查結果詳情　主題標籤的用法」(https://blog.comnico.jp/news/sns-research-20181204)

▶想知道使用這項商品的人的感想
▶想知道這項商品的用法
▶想查詢這項商品在哪裡販售

若要接觸這類消費者，就不可忽視專有名詞主題標籤。

話說回來，「＃咖啡廳」、「＃髮廊」這類一般名稱主題標籤，已經有非常多的貼文使用了。例如執筆當時，Instagram上標註「＃咖啡廳」的貼文就有1550萬則，標註「＃髮廊」的貼文則有205萬則。假使貴店發布貼文時添加了這種主題標籤，應該也很難幸運地讓本地使用者找到該則貼文。

因此筆者建議，貼文最好同時添加「＃湘南咖啡廳」、「＃藤澤髮廊」這類由不同名詞組合而成的主題標籤，以及一般名稱主題標籤。順帶一提，執筆當時搜尋「＃湘南咖啡廳」只找到4則貼文，至於「＃藤澤髮廊」連1則都沒有。假如貴店是位在藤澤市內的髮廊，使用「＃藤澤髮廊」這個主題標籤在Instagram上發布貼文的話，就會成為唯一符合使用者搜尋字詞的結果。各位認為「＃髮廊」與「＃藤澤髮廊」，哪一個比較容易觸及在藤澤市內查找髮廊的Instagram用戶呢？

用來接觸本地顧客的「Twitter」

Twitter是日本用戶數突破4500萬人（2017年10月）的社群網站。雖然Twitter的使用者大多擁有數個帳戶，但不重複用戶數應該還是相當多吧。Twitter也是可免費使用的服務。

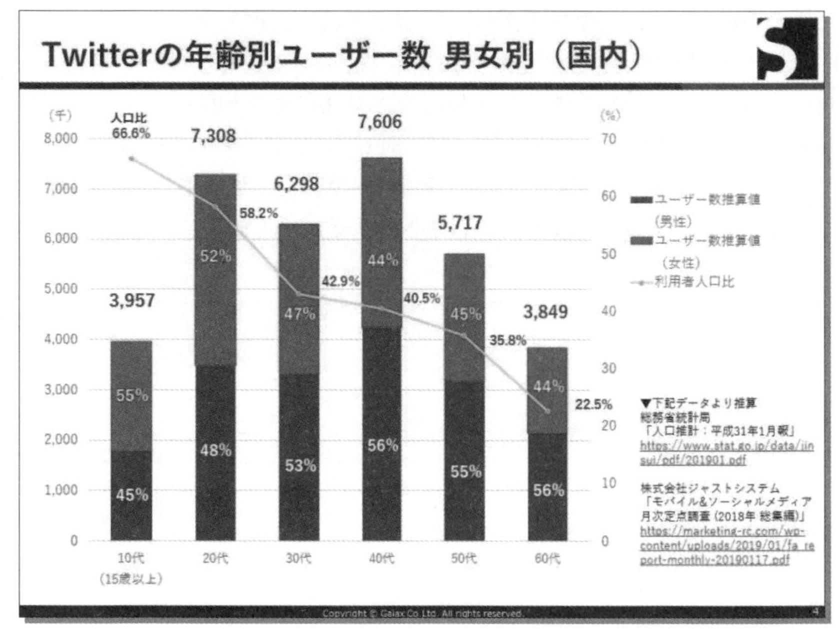

Gaiax Co. Ltd.「Twitter的各年齡層男女用戶數（日本）」（https://gaiax-socialmedialab.jp/post-30833/）

各位或許會很意外，除了20歲年齡層外，40歲年齡層的用戶也很多。不過，筆者（46歲）的周遭也有熟人是「沒玩Facebook，但有在用Twitter」、「因為可以獲得各式各樣的資訊，平常都把Twitter當成新聞來看」、「覺得要在140字內寫完意見能訓練自己的作文能力」，感覺上這個年齡層的使用率確實頗高的。 Twitter跟Facebook不同，可以用「暱稱」註冊與運用，換言之我們可以直接用「商號或店名」建立 Twitter帳戶。

★ 在推文裡加入顧客會搜尋的關鍵字

Twitter也是一個適合在地經營的商家，亦即「店鋪」運用的社群網站。這是因為，「在Twitter上查找本地資訊的人很多」。

位於神奈川縣高座郡寒川町的花店「千秋園」，在 Twitter的推文上大量使用如「寒川」、「花店」、「寒川神社」這類顧客常會搜尋的字詞。他們還會利用推文將顧客導向部落格，據說「自從開始經營Twitter後，來自遠方的顧客就變多了」。這家花店是由一對認真又開朗的夫妻所經營。另外，之前某地的青年會議所主辦了一場本地活動，在以下的媒體進行宣傳：

▶在地雜誌（紙媒體）
▶網站
▶部落格
▶Twitter
▶Facebook

詢問所有前來參加活動的人後發現，「在Twitter上得知今天的活動才過來」的參加者最多。還有，某地的零售店在附近的體育場館（比賽當天停車場總是客滿）舉辦比賽時，於Twitter上發文表示「在本店購物的顧客，可隨意使用本店停車場一天」，結果當天真有許多顧客上門光顧。實際用過 Twitter的人應該不難理解，像鐵路的實際車況之類的消息，Twitter上的資訊總是比網站、Facebook、Instagram更快更即時。

以上的例子應該都清楚反映了「顧客會在Twitter上查找本地資訊」這點。Twitter和Instagram一樣，運用時別忘了「顧客會在社群網站裡『搜尋資訊』」。因此，筆者建議「不妨為店鋪或公司建立帳戶，運用Twitter接觸本地的顧客」。另外， Twitter跟Instagram不同，推文不必加上主題標籤也搜尋得到。不妨在推文裡，加入顧客可能會搜尋的關鍵字吧！此外，Twitter可連結部落格、Facebook與Instagram（自動同步發文），因此也有「可同時經營、運用其他的社群網站」這個輕鬆省事的優點。

以Facebook為例，可在「連結Facebook到Twitter」頁面（https://apps.facebook.com/twitter/）將兩者連結起來

48 鼓勵既有顧客再度光顧的「LINE官方帳號」

LINE官方帳號（舊稱：LINE@）是給店家及企業使用的服務。個人用的「LINE」禁止作商業用途，例如推銷商品。反觀LINE官方帳號，本來就是以「商業用途」為前提推出的服務。 LINE官方帳號基本上可免費使用，之後也能按訊息數量選擇付費方案。

★ 也可以製造機會吸引新顧客來店

LINE官方帳號的基本運用方式為「通知既有顧客優惠或商品資訊，鼓勵他們再次光顧」。先請光顧過的顧客成為「好友」，再向他們發送訊息。

在靜岡大受歡迎的和洋點心店「多古滿」也運用了 LINE官方帳號。該店不只發布新商品的資訊，還會發送優惠券或發起投票等等，十分用心地規劃經營，「好友」數也超過1萬3000人。

除了鼓勵既有顧客回購外，當然還可以利用「Google我的商家」貼文的「瞭解詳情」按鈕，將使用者導向 LINE官方帳號，只要推出「新顧客獨享的優惠」之類的獎勵，成功讓使用者變成「好友」，就可以製造「新顧客來店」的機會。

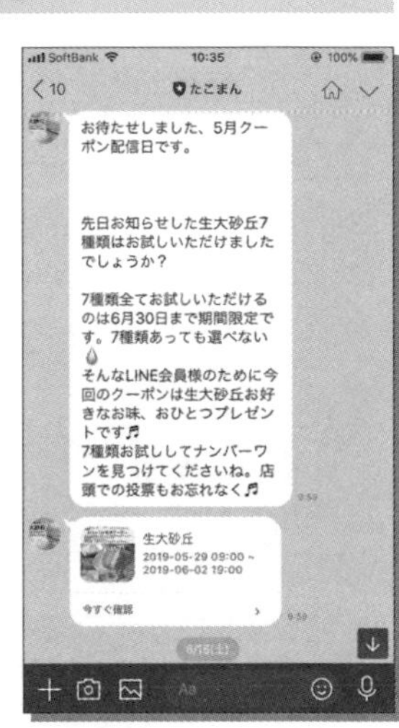

「多古滿」的 LINE官方帳號畫面

可向朋友的朋友傳播口碑的「Facebook粉絲專頁」

可在Facebook上發布店家或企業資訊的「粉絲專頁」，也能幫助我們招攬新顧客。這項服務能夠免費使用。 基本上，Facebook是用來跟「現實中的熟人、朋友、相關人士」等人物聯繫交流的社群網站，因此可以期待向「朋友的朋友」傳播口碑的效果。

★ 能夠接觸到30幾歲～50幾歲的客層

根據調查，Instagram的日本活躍用戶人數已超越Facebook。不過，Facebook的30幾歲～50幾歲用戶很多，以這個客層為主的商家還是可以運用這個社群網站。

位於神奈川縣大和市的自然食品專賣店「Health Road」，平時都很積極地向注重健康的壯年使用者發布資訊。該店商品種類齊全，筆者也常為了「送禮給注重健康的企業老闆」而向他們購買商品。 店長向來很勤快地更新粉絲專頁，筆者總是很期待他那歡樂正面的貼文。

利用相片帶來顧客的「Pinterest」

Pinterest的日本用戶數不多，但其獨特的形式讓人感覺到，未來在行銷運用上有很大的潛力。 Pinterest是一項免費服務，可將自己喜歡的相片貼（釘）在圖版上欣賞。用戶不太會跟其他的使用者交流，在這層意義上，Pinterest似乎不太適合歸類為「社群網站」，但不管怎樣，這個社群網站在國外很受歡迎。

★ 利用相片，將使用者導向自家網站

Pinterest可蒐集與欣賞自己喜歡的相片，除此之外還有其他的用法。Pinterest會根據使用者蒐集（或觀看）的相片，判斷「這名使用者可能喜歡這樣的相片」，然後不斷自動推薦其他相片。一開啟 Pinterest，畫面上就充斥著「Pinterest推薦的許多相片」。

相片可加上文字說明，也能夠張貼其他網路媒體的連結。這些資訊主要是將該相片上傳到 Pinterest的使用者所添加的。換句話說，我們「可以利用相片，將使用者導向自家網站」。舉例來說，如果使用者常在 Pinterest上觀看「沙發」的相片，Pinterest就會自動顯示「沙發」的相片與含沙發的室內裝潢照。假如使用者對某張相片感興趣，就會點擊那張相片查看，還有可能造訪那張相片附上的網頁。

下一頁的圖是倒映在西湖上的富士山，這是筆者旅遊時拍攝的相片，刊登在自己的部落格上。後來，筆者也將部落格的相片釘在 Pinterest上。執筆當時，這張相片過去30天內的觀看次數有225次（在Pinterest上），連結（部落格）的點擊次數則有1次。儘管數字不算亮眼，但極端來說，只要上傳相片然後放著不管，就能「半永久地」得到吸引訪客的機會。

Pinterest的「推薦釘圖」，基本上跟該相片是否為近期上傳的無關。反過來說，隨時都值得觀看的相片，無論相片是新是舊，都能一直獲得流量。

▶食譜
▶觀光
▶時尚
▶室內裝潢
▶花
▶珠寶
▶家事等生活妙招（例如打掃的訣竅）

假如貴店能夠上傳這類沒有時代區別、隨時都想參考的相片，就可以考慮運用Pinterest。

可增加搜尋流量、累積商家信賴度的「部落格」

★ 經營部落格可收到什麼效果？

部落格並不是「社群網站」，這裡是把它當作「Google我的商家」以外的網路媒體來介紹的。簡單來說，經營部落格能收到2種效果。

▶（1）與搜尋引擎很契合

部落格這個型態（程式架構與形式），本來就是跟搜尋引擎很契合的媒體。構思搜尋引擎最佳化對策（SEO）時，不能不提部落格這項工具。這項工具非常適合「在本地服務」且「顧客會上網搜尋」的事業，例如各種師字輩職業或整復推拿館、服務業等等。

▶（2）容易展現經營者或員工的人品、想法、工作情形

部落格是一種「讀物」（類似專欄或日記），能展現撰寫者的人品、想法、工作情形等等。因此，能夠讓讀者得知「啊，這名店長個性一定很認真，看樣子可以信賴」、「他們對●●很熟呢」等等，非常有助於吸引「懂商家價值的顧客」上門光顧。

筆者曾為某不動產公司提供諮詢服務，當時的主題是「改善部落格」。該公司重新檢視部落格所用的關鍵字，並且刊登能得知人品與趣聞的內容後，流量增加至過去的8倍，並且帶來「多到忙不過來」（經營者談）的商談與訂單。

★ 勤快地持之以恆經營就能獲得很大的成果

部落格是非常重要的網路行銷工具，只要認真經營便可以獲得很大的成果。但是，沒辦法每天更新，甚至沒辦法勤快地持之以恆的企業就不適用了。反過來說，這是考驗企業能否「認真又勤快地經營」的工具。

位在神奈川縣藤澤市、提供皮革製品修繕服務的「皮革診所」，其部落格每週會更新2次修繕內容或趣聞。瀏覽部落格，能感受到他們對皮革製品的熱愛，也能得知他們的技術有多高超。筆者私底下也請他們修過好幾次皮鞋。另外，聽說經由搜尋引擎找到並「看過部落格」的遠地顧客所提出的委託也變多了，該店表示：「真的很慶幸當初決定經營部落格！」

52 透過「深入分析」驗收集客成效

本節所要談的是，「Google我的商家」的「流量分析」功能——「深入分析」。「Google我的商家」也有可簡易得知流量狀況的區塊，請點一下管理畫面左邊選單的「深入分析」。

★ 可從「顧客的搜尋方式」得知的資訊

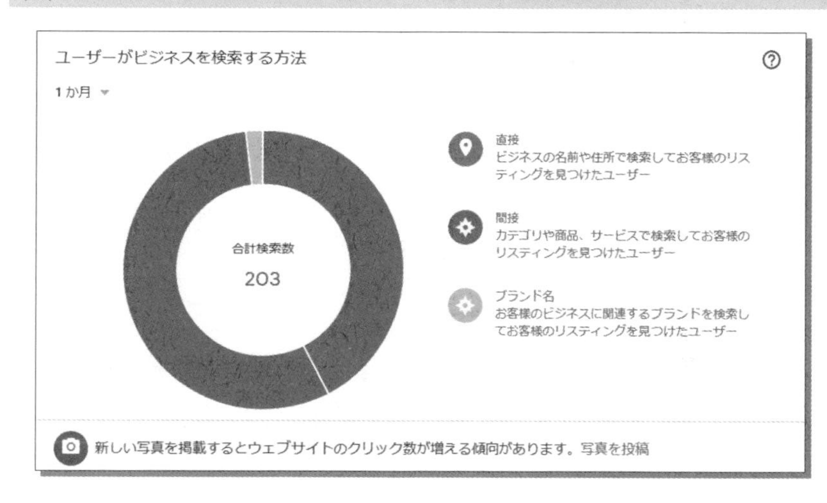

筆者就從出現在最上方的「客戶如何搜尋您的商家」開始解說。這項資訊能夠得知，「顧客是以什麼方式造訪」貴店的商家專頁。以下是「Google我的商家」的說明。

直接搜尋：客戶直接搜尋了您的商家名稱或地址。

探索式搜尋：客戶搜尋了您提供的類別、產品或服務，而系統顯示您的商家資訊。

品牌搜尋：客戶搜尋了您的品牌或與您商家相關的品牌。您的商家資訊必須由品牌搜尋帶出過至少一次，這個類別才會顯示。

（引用：https://support.google.com/business/answer/7689763）

以筆者的情況來說就是這個樣子：

▶直接搜尋…「網頁顧問永友事務所」
▶探索式搜尋…「顧問」、「培訓」、「中小企業　諮詢」等等
▶品牌搜尋…「永友一朗」、「Nagatomo Ichiro」等等

其中，使用專有名詞進行搜尋的直接搜尋與品牌搜尋，是反映「知名度」的指標，可以得知「貴店是否廣為人知」。假如兩者的比率很低，「探索式搜尋」的比率非常高（例如95%以上），或許就代表貴店以及貴店的獨家商品「知名度很低」。這種時候，不妨透過以下的方式努力提升知名度：

▶使用傳單之類的紙媒體或看板進行宣傳
▶在異業交流會或展覽會上交流
▶發布新聞稿等努力進行「公關」活動

★ 可從「搜尋所用的字詞」得知的資訊

將畫面往下拉，就能看到「哪些查詢讓使用者找到您的商家」。

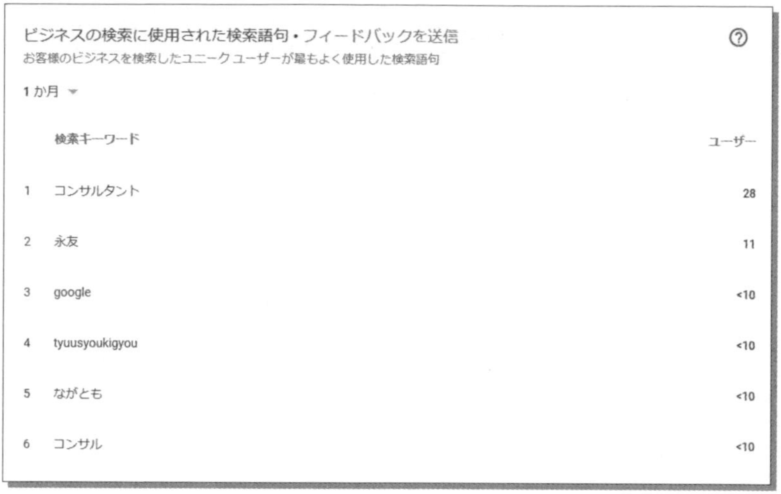

ビジネスの検索に使用された検索語句・フィードバックを送信
お客様のビジネスを検索したユニークユーザーが最もよく使用した検索語句

1か月

	検索キーワード	ユーザー
1	コンサルタント	28
2	永友	11
3	google	<10
4	tyuusyoukigyou	<10
5	ながとも	<10
6	コンサル	<10

這個項目顯示的是，「使用者在搜尋你的商家時最常使用的查詢字詞」。查詢字詞是指，當使用者「想要調查」而「進行搜尋」時所用的字詞。換言之就是「顧客需求」。由於能夠知道顧客需要什麼東西，據說某餐飲店就是參考查詢字詞，構思「Googlc我的商家」的貼文內容。

另外，這裡有時也會出現意想不到的字詞。之前有段時間，筆者的「哪些查詢讓使用者找到您的商家」，出現了「棒球打擊場　藤澤」這組查詢字詞。不消說，筆者當然沒有經營棒球打擊場。實際上筆者不曾去過棒球打擊場，也不曾做過棒球打擊場的網頁顧問。但是，為什麼有人會用「棒球打擊場　藤澤」搜尋筆者的商家（網頁顧問永友事務所）呢？這種情形可以說是反映了地圖搜尋的多樣性吧。筆者推測，也許是因為在藤澤市內查找棒球打擊場的使用者，湊巧是考慮改善網站的經營者，最後他點了恰巧出現在地圖上的網頁顧問永友事務所。

★ 可從「搜尋所用的Google服務」得知的資訊

接下來是「客戶透過哪項Google服務看到您的商家資訊」。

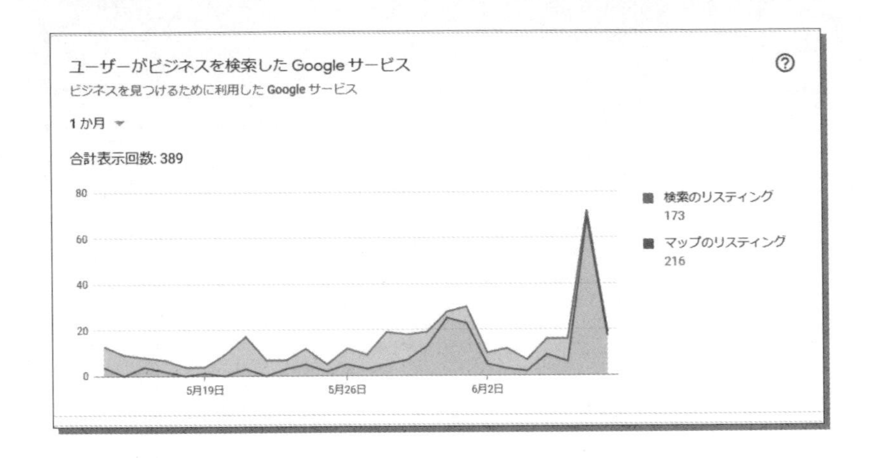

如各位所見，這個項目顯示的資訊分別是：

▶Google搜尋上的商家資訊：使用「Google搜尋」搜尋後，商家資訊的顯示次數

▶Google地圖上的商家資訊：使用「Google地圖」搜尋後，商家資訊的顯示次數

順帶一提，上面的折線圖裡右邊的流量之所以變多，是因為商家以「1天最多200日圓」的預算，「只在藤澤市內」投放本地搜尋廣告（Google Ads）的緣故（參考P.58）。若使用本地搜尋廣告，只要肯花錢，貴店的商家資訊瀏覽次數基本上一定會增加。

★ 可從「客戶行動」得知的資訊

畫面再往下拉，就會看到「客戶行動」。

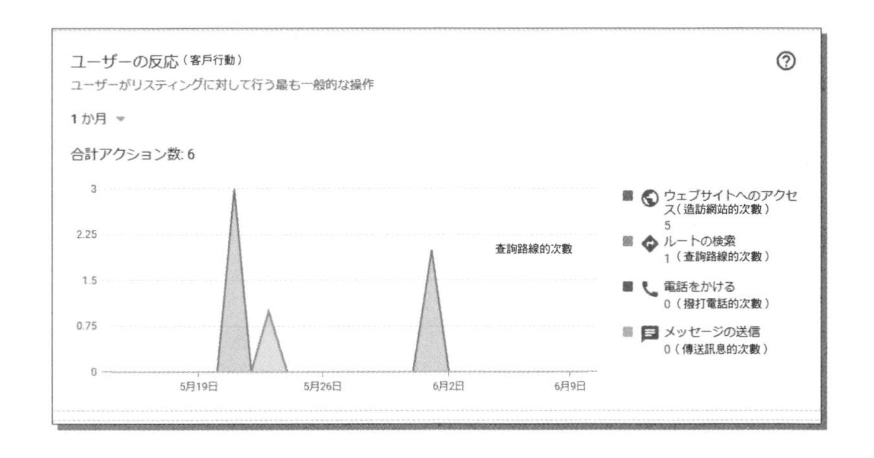

如各位所見，這個項目能夠得知以下的資訊：

▶造訪網站的次數
▶查詢路線（前往貴店的路線）的次數
▶撥打電話的次數
▶傳送訊息的次數

像餐飲店的「查詢路線」、整復推拿館的「撥打電話」數值應該很高吧。另外，這裡的數值指的是透過商家資訊直接採取行動的次數。假如是「湊巧在『Google地圖』上發現網頁顧問永友事務所，之後關閉地圖，並於當天晚上在『Google搜尋』上查詢『網頁顧問永友事務所』，然後直接瀏覽找到的網頁」，這項行動就不會算在深入分析裡的「造訪網站」。除此之外，透過「貼文」採取的行動，例如點擊「瞭解詳情」按鈕造訪網站，同樣不會計算在內。

★ 關於其他項目

除了上述項目外，深入分析還能得知以下的資訊：

▶路線查詢（使用者從哪個地區查詢前往商家的路線）
▶通話（使用者撥打商家電話的時間與次數）
▶熱門時段
▶相片瀏覽次數（相片的顯示次數，並與其他同業進行比較）
▶相片數量（相片的顯示數量，並與其他同業進行比較）

表面上這是個「可查看『Google我的商家』的造訪次數等數據的便利區塊」，不過Google的用意應該是「以這些數據為機會或刺激，增加願意刊登廣告的業主」。深入分析的畫面裡經常出現「比同類商家……」這句話，應該也是這個用意。

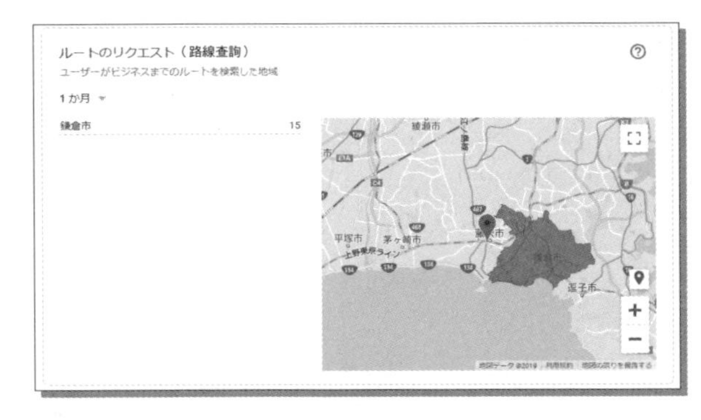

「路線查詢」能夠得知使用者最常在哪個地點查詢路線

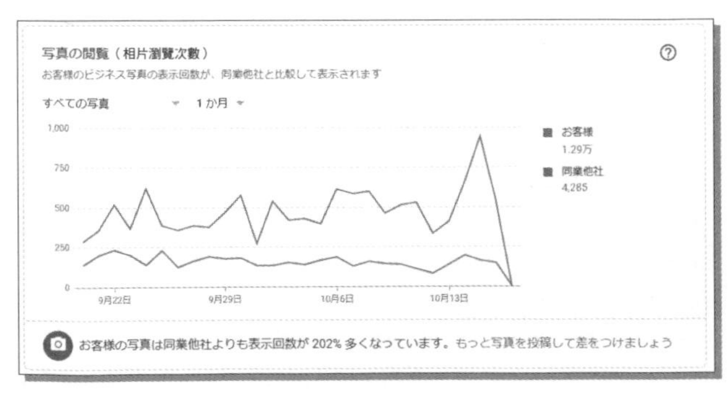

「相片瀏覽次數」會跟行業或規模相似的公司進行比較

53 多人管理「Google我的商家」

有些時候商家會希望，除了經營者或店長外，現場員工也能夠一起管理「Google我的商家」的資訊。此外也有商家是借助第三者的力量，例如經營管理顧問或網頁製作公司來進行管理。為了應付這種情況，「Google我的商家」能夠增加管理資訊的「使用者」。商家能給使用者設定權限，各個權限能做的事也不一樣。權限分成擁有者（業主）、管理員、營業地點管理員這3種。

▶擁有者：可使用所有功能
▶管理員：權限與擁有者大致相同，差別只在於前者無法使用重要功能，例如新增／移除使用者、移除商家資訊
▶營業地點管理員：能夠跟顧客溝通、發布貼文與相片、代回評論

詳細說明請參考「https://support.google.com/business/answer/9178945」。

★ 新增使用者的方法

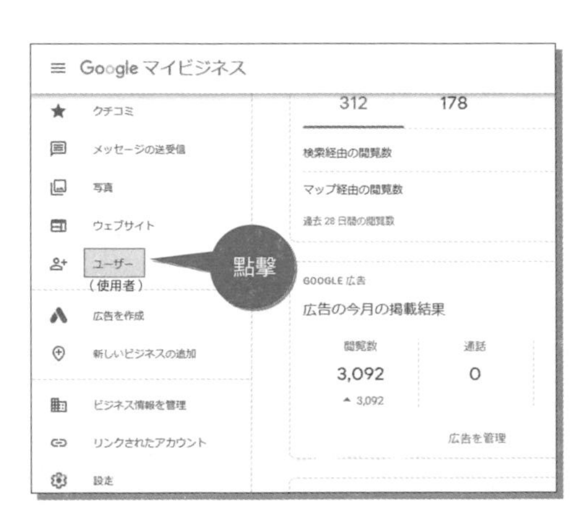

步驟① 我們來看新增使用者的方法吧。點一下管理畫面左邊選單的「使用者」。

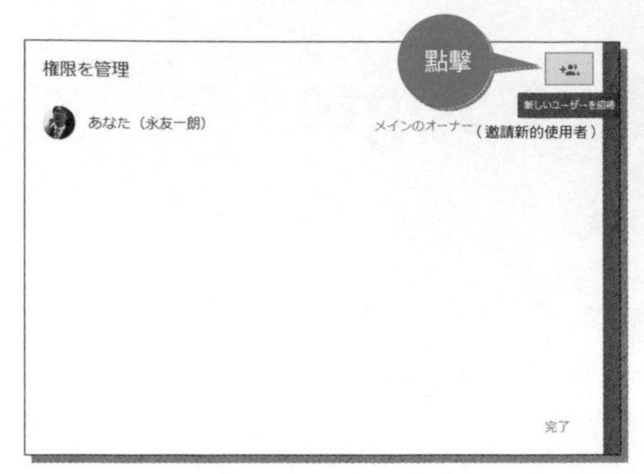

步驟② 開啟「管理權限」小視窗，點一下右上角的「邀請新的使用者」。

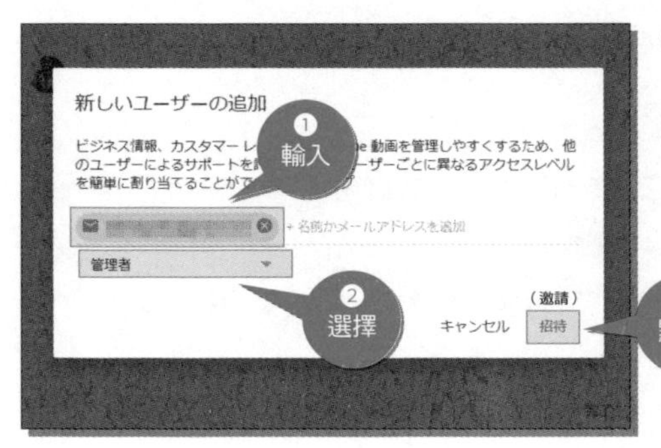

步驟③ 輸入想賦予使用者權限之員工的電子信箱，再從「選擇角色」隨意選擇使用者的角色，然後點擊「邀請」。

步驟④ 該名員工會收到「邀請你成為使用者」的郵件，選擇接受邀請，就能成為管理資訊的使用者。如果「沒收到邀請信」，請到「品牌帳戶」頁面（https://myaccount.google.com/brandaccounts）查看「待處理的邀請」。

★ 多人管理的好處

中小企業與店家在網路行銷方面，似乎大多是「一個人努力耕耘」。相信他們都有各自的原因，例如現場員工都很忙碌，或是只有自己精通網路……等等。不過，筆者還是建議，盡量「讓多名員工參與網路行銷管理」。原因有以下4項。

▶（1）只由一個人負責容易有停滯的風險，例如「經營不下去」、「停止更新」、「要做其他的工作而忙不過來」等等

令人意外的是，網路也是「生物」，能夠從氛圍感覺到是否還活著。要是讓人覺得網路上的資訊停止更新了，商家本身也會給人停止營運的印象。在這層意思上，盡量讓多名員工參與管理，例如採輪班制等等，能在網路上維持新鮮度。

▶（2）多人經營管理的話，能為貼文題材增加「豐富度」

只由一個人負責網路行銷管理的話，「觀點」很容易有所偏頗。由多名員工發布資訊的話能夠增加各種觀點，更有機會向更多的顧客推廣自家商品或服務。

▶（3）可成為員工之間溝通交流的機會

在職場上很安靜的員工，有可能一到網路上就變得侃侃而談，或是談論平常不會提起的嗜好話題。員工之間（或者主管與員工之間）的溝通交流，因著這樣的機會而變得圓滑的情況其實很常見。

▶（4）網路行銷管理就相當於「經營管理」

這樣說或許很誇張，不過筆者總是告訴客戶與學員「構思網路行銷就等於是構思經營管理」。經營者肯定也希望，現場員工未來能晉升管理職，站在推動公司經營的立場。「什麼樣的貼文能討顧客歡心？」、「什麼樣的關鍵字能增加流量？」、「什麼樣的顧客最能看出這項服務的價值？」等等，構思要發布的網路資訊，是非常好的「構思事業本身」之訓練。

總而言之，希望貴店的「Google我的商家」能夠設置多名使用者，藉此回避風險，並且靈活運用這個機會來活化內部溝通、教育員工等等。

★ 當心「誤爆」

這是大約一年前實際發生的事。某天我在「Google地圖」上查找某個地區「可以舉辦婚禮的餐廳」，查看餐廳的「相片」時發現，除了華美的外觀、餐點、花、迎賓看板等相片外，還混入了「記事本」的相片。上面寫著「致電給●●核對預約資料！」、「給前來參觀的●●撥打追蹤電話！」等等，雖然只寫了姓氏，但那應該是顧客的名字。

看樣子，那家餐廳似乎是出了什麼差錯，誤把員工的記事本拍下來，上傳到了「Google我的商家」的「相片」裡。筆者正想通知那家餐廳時，相片就移除了。從相片的內容，以及相片順利刪除這兩點來推測，應該是「Google我的商家」的管理員「傳錯相片」了。

這種「不小心手滑，把無關的內容放到網路上」的情況又稱為「誤爆」。多人管理「Google我的商家」時，最好還是要互相確認、互相檢查。

託人管理與「丟給別人管理」是不一樣的。不光是「Google我的商家」，任何網路工具「丟給」別人管理都沒有好處。說得誇張一點，誤爆也有違法的風險。請各位在考慮由多人管理「Google我的商家」時，也別忘了一定要「互相檢查」。

新增／移除管理的商家（營業地點）

★ 如何新增營業地點？

首先來看，如果基本上都在實體店面做生意，但又另外成立相關的「只送貨的新服務」的話，要如何「新增管理的商家（營業地點）」。

步驟1 點一下管理畫面左邊選單的「新增營業地點」。

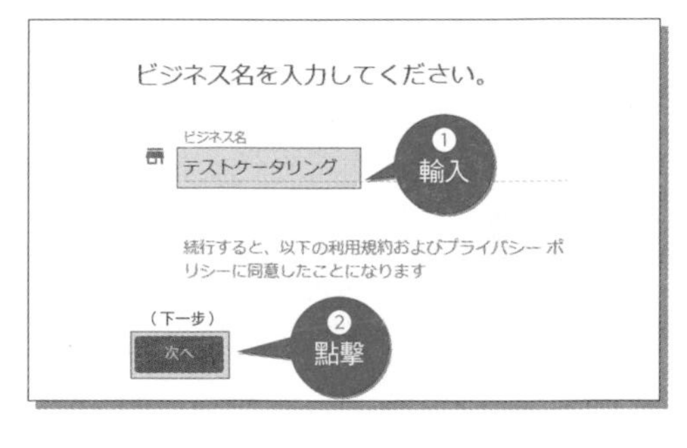

步驟2 出現「請輸入您的商家名稱」畫面，隨意輸入想新增的商家名稱，然後點「下一步」。

← 店舗やオフィスなど、ユーザーが実際に訪れることができる場所を追加しますか？

この場所は、ユーザーがお客様のお店やサービスを検索した際に Google マップおよび Google 検索に表示されます。

はい（是）

いいえ（否）

1 選擇

（下一步） 次へ

2 點擊

步驟3 系統會詢問「要新增客戶可造訪的地點嗎？」。本例是「只送貨的服務」，因此選「否」，然後點「下一步」。

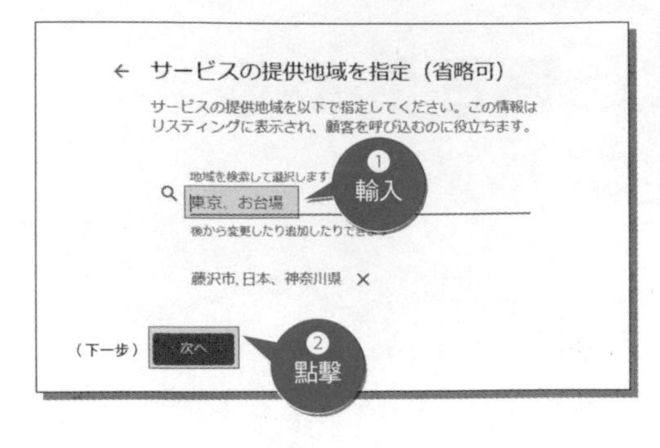

步驟❹ 出現「您的服務範圍？（選填）」畫面。雖說是「選填」，但提供送貨範圍的話可增加在「Google地圖」上遇見顧客的機會，因此最好還是要設定送貨範圍。輸入完畢後點「下一步」。

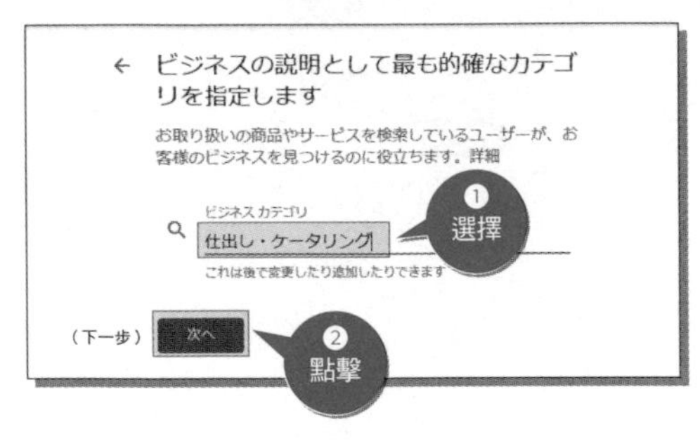

步驟❺ 出現「選擇商家的類別」畫面。選擇最符合自家服務的類別，然後點「下一步」。

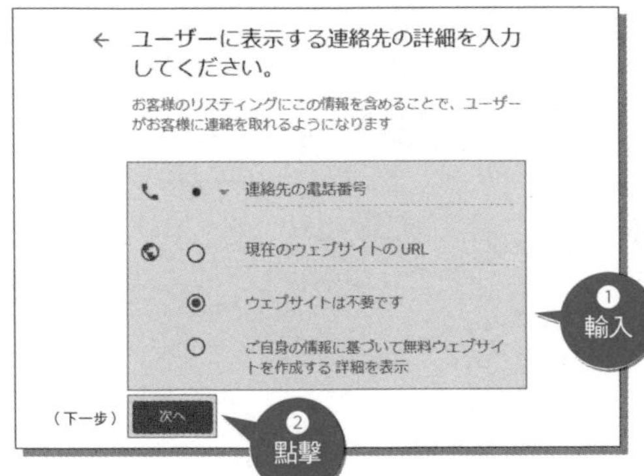

步驟❻ 出現「您想要向客戶顯示哪些聯絡方式」畫面。一定要輸入電話號碼或網站網址（URL），然後點「下一步」。

步驟❼ 出現「結束並驗證這個商家」畫面。詳細閱讀上面所寫的驗證好處，然後點「完成」。

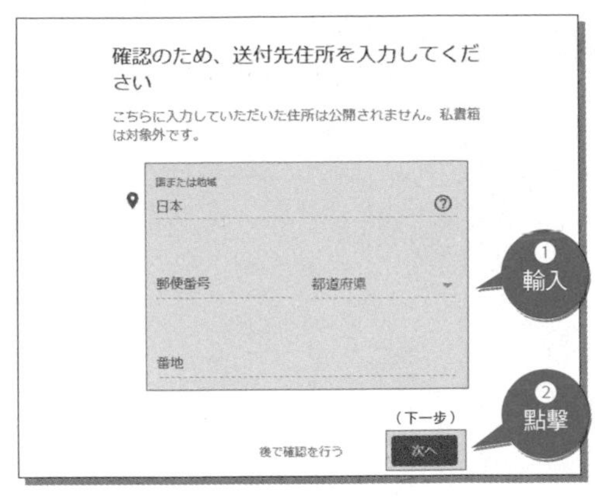

步驟8 出現「請輸入您的郵寄地址進行驗證」畫面。這個「驗證」是要驗證商家資訊，如果是「沒有實體店，只送貨的服務」，似乎是透過「明信片」來驗證。輸入地址，然後點「下一步」。

★ 如何移除營業地點

前面介紹的是「新增營業地點」的方法。這次則反過來，看看如何移除營業地點。切記，營業地點雖然可按照以下的步驟移除，但地點名稱與所在地資訊仍會顯示在地圖上。

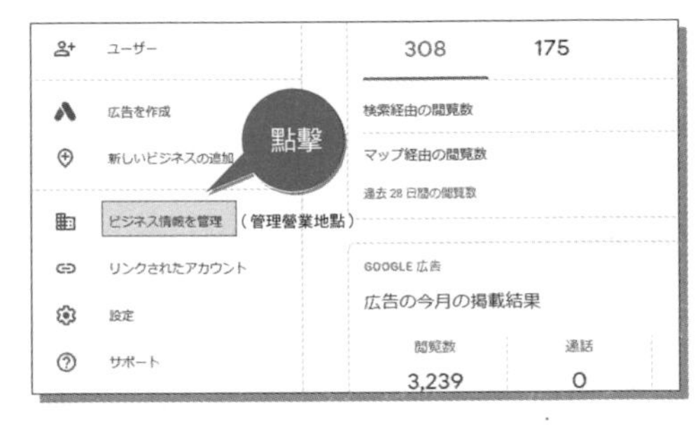

步驟1 點一下管理畫面左邊選單的「管理營業地點」。

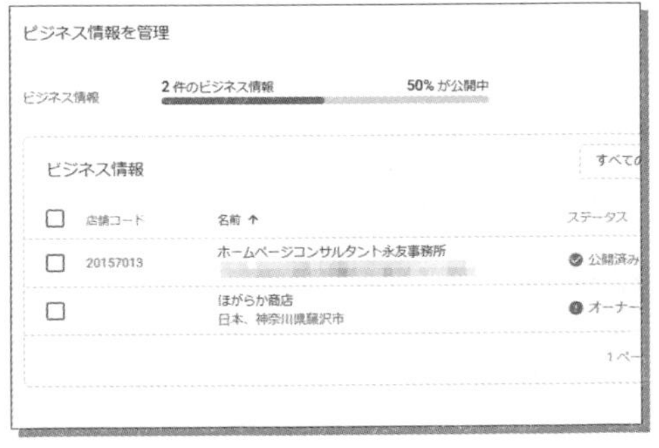

步驟2 畫面列出現有的營業地點。

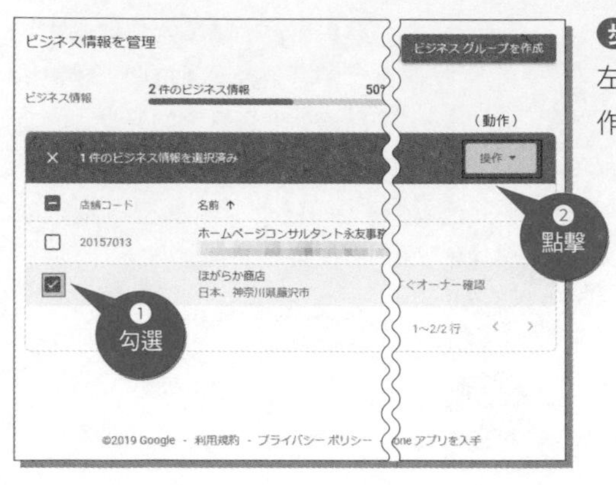

步驟③ 點一下想移除的營業地點左邊的「□」，再點右上角的「動作」。

步驟④ 出現選單，點選最下面的「移除地點」。

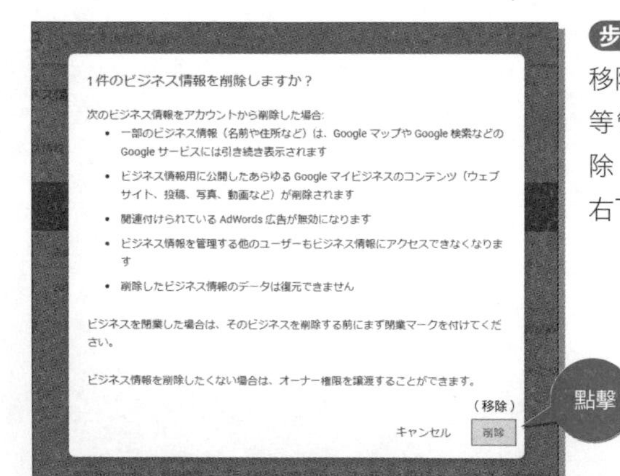

步驟⑤ 出現提醒畫面。請注意，移除地點後，「貼文」、「相片」等管理員發布的內容全會遭到刪除。仔細看完說明並且同意，就點右下角的「移除」。

第7章

常見問題Q&A

Q1　貼文與相片有什麼需要注意的地方？

Q2　想不出貼文的題材！

Q3　該選擇什麼樣的搜尋關鍵字才好？

Q4　能夠環視店內的相片要如何準備？

Q5　運用「Google我的商家」時遇到困難該怎麼辦？

Q6　怎樣的狀態才算是成功運用「Google我的商家」？

貼文與相片有什麼需要注意的地方？

講座結束後的問答時間，偶爾有人會問：「製作網頁有什麼需要注意的地方嗎？」由於「注意」一詞包含許多層面，這個問題意外的很難回答，不過大家通常想知道的是「有關文章表達方式之類需要注意的地方」。

在法令與規則方面，需要注意的是以下幾點。

▶部品、產業財產權（工業所有權）

零件、產品等相片，必須取得製造商許可才能使用。還有，要先確實獲得對方的同意才能刊登。工業產品的專利等保密管理相當嚴格。

▶著作權

不要刊登他人的著作物。刊登報章雜誌、電視畫面的截取內容也是違法的。

▶肖像權（有可能違反騷擾防止條例）

未經許可，不要刊登他人的大頭照。即便是慶典之類的群眾相片，如果能分辨出個人容貌的話最好要做馬賽克處理。另外在實務上，應該有不少商家想在社群網站之類的地方刊登顧客的露臉照。這種時候要先徵得顧客的同意，各位可以口頭詢問：「我們可以將相片刊登在社群網站上嗎？」特別是兒童的相片，很多家長都不願意把孩子的相片放在網路上。

▶藥機法

避免提到療效或功效，例如「選用特產水果，讓皮膚光滑柔嫩」。

另外，從集客的觀點來看，就算不違反法令或規則，也最好別在「Google我的商家」發布「批評其他公司」、「政治思想或宗教思想」之類的內容。

Q2 想不出貼文的題材！

想不出貼文的題材時，建議套用「模式」去思考。以下就提供一種模式供各位參考看看。請把它當成尋找題材的提示靈活運用。

基本題材

▶通知新商品資訊、新菜單內容、到貨消息
▶寫部落格文章並宣傳（導向部落格）

How-To題材

▶說明用語，例如「何謂～？」
▶解說「～的做法（方法、步驟）」
▶解說「～的選法」
▶解說「～時的訣竅」
▶說明「前後對照」

通用題材

▶說明店家的「客戶案例（故事）」
▶提供本地的資訊（例如慶典、開花資訊）

另外，各位也可以用以下的方式「擴充貼文題材」。

▶按季節劃分…「初春的●●」「梅雨季結束時想去●●」
▶按年齡劃分…「適合銀髮族的●●」「用於幼稚園畢業典禮的●●」
▶按時期劃分…「第一次●●者的▲▲」「總是××的人必學的訣竅」

Q3 該選擇什麼樣的搜尋關鍵字才好？

若要增加機會接觸網路另一端的顧客，在網路上發布資訊時最好使用「顧客常搜尋的關鍵字」。那麼，顧客是搜尋了什麼關鍵字，才會造訪貴店的商家資訊呢？不消說，最基本的做法就是查看「深入分析」的「哪些查詢讓使用者找到您的商家」（參考P.167）。不過，筆者最推薦的做法其實是詢問上門光顧的新顧客。直接詢問對方「您是使用什麼關鍵字來搜尋的呢？」，能夠實際得知「顧客使用的字詞」，因此建議貴店將「新顧客若是透過網路得知自家店鋪，就詢問對方使用的搜尋關鍵字」這道程序，加入接待新顧客的標準流程中。

除此之外，還可以使用以下幾種有幫助的「工具」。

Google搜尋趨勢

「Google搜尋趨勢」（https://trends.google.co.jp/trends）是Google官方推出的免費服務，能夠得知使用者在「Google搜尋」上搜尋了什麼關鍵字。這項服務是以折線圖呈現相對的「流行程度（趨勢）」，而非提供實際的搜尋次數。舉例來說，假如貴店是西裝專賣店或裁縫店，那麼應該會在意有多少人搜尋「訂製服」吧？

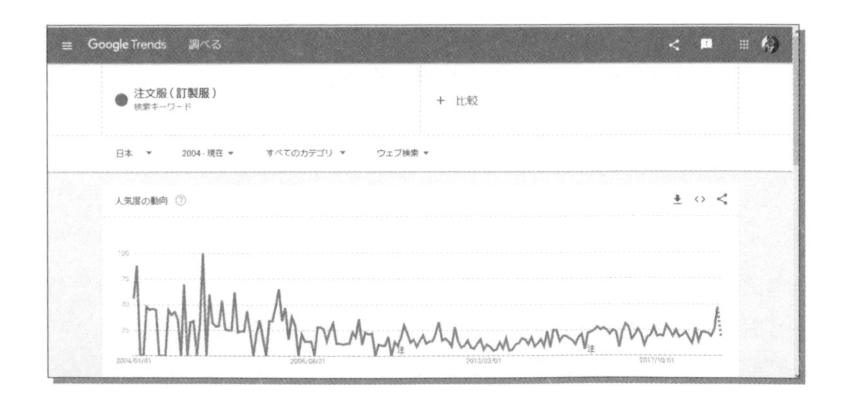

左頁的折線圖是2004年至今，「訂製服」的搜尋熱度。「Google搜尋趨勢」的優點就是，可以「比較」關鍵字。我們試著點一下「＋比較」，然後輸入「訂製西裝」調查看看。

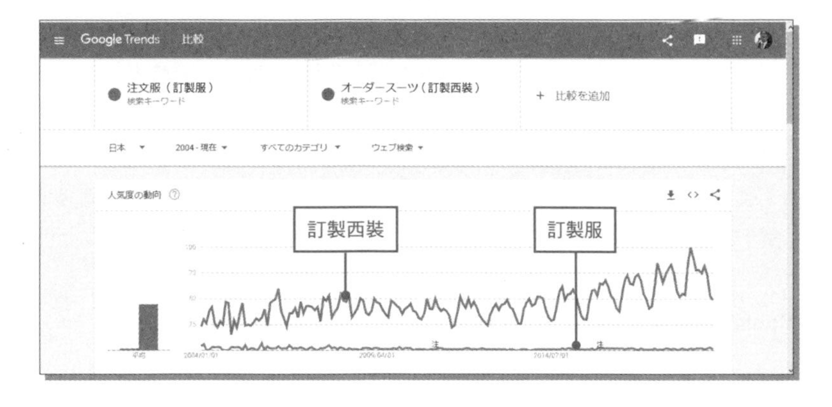

再強調一次，「Google搜尋趨勢」提供的是「相對的」指標。查看折線圖便會發現，「訂製西裝」的搜尋次數比「訂製服」高出許多，而且搜尋熱度有上升的趨勢。假如貴店是西裝專賣店或裁縫店，在網路上發布資訊時，應該選擇使用「訂製服」還是「訂製西裝」呢？基本上，使用「訂製西裝」似乎會比較好。不過，貴店也可以故意反其道而行，使用「訂製服」這個關鍵字撰寫部落格文章，如果行有餘力的話不妨試試看。

goodkeyword

goodkeyword（https://goodkeyword.net/）是個簡單又出色的工具，能夠得知「Google搜尋」等網站上「常用的搜尋關鍵字，以及關鍵字組合」。從事網路應用顧問工作的人，應該大多都會使用這個網站。

尤其若使用goodkeyword的「Google Suggest」，就能知道使用者都在「Google搜尋」上搜尋了什麼關鍵字。有時能從中發現「哦，跟我想的一樣」的關鍵字，有時也會發現意想不到的關鍵字，對各位非常有幫助。

能夠環視店內的相片要如何準備？

相信大家在瀏覽其他店家的「Google我的商家」時，偶爾會看到「能夠環視店內的相片」。

這種「能夠環視店內的相片」稱為「360度相片」。360度相片一般是付費聘請「街景服務推薦攝影師」拍攝、上傳的。Google設有能夠搜尋「附近的推薦專家」的網頁，有興趣的人請至以下網頁搜尋。

▶https://www.google.co.jp/intl/ja/streetview/contacts-tools/

Datadisk有限公司的網頁（http://datadisk.jp/），這是日本首家獲得Google認證的街景服務推薦攝影公司

Q5 運用「Google我的商家」時遇到困難該怎麼辦？

中小企業與店家的網路行銷管理，應該大多都只由一個人負責。如果是獨自一人運用「Google我的商家」，遇到困難時該到哪裡尋求幫助才好呢？這種時候請先查看「說明中心」。說明中心裡有關於各選單的概念與操作的說明。

「Google我的商家」的商家資訊說明（https://support.google.com/business/）

假如看完說明依然無法解決問題，那就到「『Google我的商家』的說明社群」看看，說不定能夠找到有關相同煩惱的建議。這個社群是使用者的「互助留言板」。各位或許能從以前提出的問題找到解決線索，如果之前沒人問過同樣的問題也可以自行發問。社群裡有「『Google我的商家』黃金級產品專家」這種專業的回答者，也有一般使用者，當中或許有人能夠回答貴店的問題。

「Google我的商家」的說明社群（https://support.google.com/business/community）

怎樣的狀態才算是成功運用「Google我的商家」？

「Google我的商家」「運用得很成功」是指什麼樣的狀態呢？網路商店能夠明確知道每天有多少業績是來自於網路，但實體店不同，或許很難直接感受到「Google我的商家」的經營成果。不過，如果出現以下的現象，那就有可能是「Google我的商家」之成果。

▶自家網站的搜尋排名並無太大的變動，但上門光顧或來電洽詢的顧客變多了
▶「看了評論才來」的顧客增加
▶利用貼文宣傳的商品／服務，洽詢人數或成交件數上升

嚴格來說，商家要設法詢問新顧客：「是因為看了什麼東西才決定上門光顧？」這裡幫大家整理了一份「『Google我的商家』必做事項檢查表」，希望各位每日在網路上耕耘時能夠做個參考。

●「Google我的商家」必做事項

勾選	必做事項
□	發布 「貼文」 的頻率為每週 1 次嗎？
□	有新增相片嗎？
□	有載明節日之類的特殊營業時間嗎？
□	有回覆評論嗎？
□	有引導顧客撰寫評論嗎？

就某個意義來說，「『Google我的商家』必做事項」都是非常單純又簡單的事。某個提供個人服務的業者參考這份檢查表，重新調整「Google我的商家」的管理方式後，瀏覽次數等數字就有所提升。

	2019/5/10當時	2019/6/7當時
瀏覽次數	1071	2491
搜尋次數	810	1844
活動次數（全部）	253	1534
活動次數（造訪網站）	9	19
活動次數（瀏覽相片）	243	1510

當初筆者建議這個業者運用「Google我的商家」時，對方的反應是否定的。

「我們公司……用得上地圖嗎？」

以業態來說，該公司確實用不上顯示辦公室所在地點的「地圖」。不過，筆者仍不斷建議業者，要透過智慧型手機招攬顧客就一定要運用「Google我的商家」，後來業者也堅持不懈地發布資訊。如今透過「Google地圖」聯絡他們的顧客變多了，指名搜尋與官方網站的流量也增加，而且除了原有的個人服務外，他們還針對外國人／公司行號推出新服務，事業做得越來越有聲有色。

筆者在提供諮詢服務或舉辦講座時，都會建議業者運用「Google我的商家」，之後詢問那些有認真運用的業者，他們紛紛表示「終於明白看了地圖才來的顧客為什麼會變多」、「要是能早點知道這項服務就好了」、「這是現今最不可或缺的網路集客工具」。

各位讀者，請你們一定也要「立刻」開始運用「Google我的商家」。顧客絕對在智慧型手機的另一邊等著各位。

後記

自2001年以來，我就以神奈川縣為中心，向中小微型企業提供有關網路應用的建議與支援。這段期間，我見過許多「想增加顧客！」的經營者。

「Google我的商家」運用起來「沒有耗費、沒有負擔，而且卓有成效」，真的是值得推薦的網路行銷工具。自稱「網頁顧問」的我講這種話或許很奇怪，但我可以肯定地告訴各位，「Google我的商家」對於業者，特別是零售、餐飲、服務業而言，是「比網頁更應該先準備並且運用的工具」。

同時相信大家都能自然而然明白，想要更好地運用「Google我的商家」，最好也要額外認真經營官方網站與社群網站。更進一步地說，網路應用與「做生意的基礎」——如何滿足眼前的顧客，兩者的本質是相同的，相信各位應該也能明白這點。

這次承蒙技術評論社股份有限公司的石井先生邀稿，我才能推出有關「Google我的商家」之運用技巧及回覆留言技巧的書籍。我抱著分享18年來的經驗撰寫這本書，但要是沒有石井先生盡心盡力地給予意見、編輯、仔細地溝通以及鼓勵，這本書應該就無法完成。在此向石井先生致上最誠摯的感謝。

請各位一定要運用「Google我的商家（地圖）」，宣傳貴店的魅力。我相信這樣一來，絕對能使貴店生意興隆，並且帶來顧客的笑容與當地的發展。

2019年11月

永友一朗

■作者簡介

永友一朗

網頁顧問永友事務所負責人。專為中小企業與店家提供網路應用諮詢服務，同時也從事講座講師與寫作。此外還在上市企業與地方自治體擔任培訓講師，講授有關網路負評等社群網站的風險管理與守規、留言的回覆技巧等等。現為 Google 認證 GMB（Google 我的商家）白銀級產品專家、Google 在地嚮導（第 9 級），也在商工會議所．商工會等機構擔任公職。

網站：https://8-8-8.jp/

Google My Business: SHUKYAKU NO ODO－Google Maps kara raiten wo umidasu saikyo tool
by Ichiro Nagatomo
Copyright © 2019 Ichiro Nagatomo
All rights reserved.
Original Japanese edition published by Gijutsu-Hyoron Co., Ltd., Tokyo.
This Complex Chinese edition published by arrangement with Gijutsu-Hyoron Co., Ltd., Tokyo in care of Tuttle-Mori Agency, Inc., Tokyo.

店家必學！活用「Google我的商家」讓能見度跟營收提升的54招集客密技

2020年7月1日初版第一刷發行
2022年2月1日初版第二刷發行

作　　者　永友一朗
譯　　者　王美娟
編　　輯　魏紫庭
特約設計　麥克斯
發 行 人　南部裕
發 行 所　台灣東販股份有限公司
　　　　　<地址>台北市南京東路4段130號2F-1
　　　　　<電話>(02)2577-8878
　　　　　<傳真>(02)2577-8896
　　　　　<網址>www.tohan.com.tw
郵撥帳號　1405049-4
法律顧問　蕭雄淋律師
總 經 銷　聯合發行股份有限公司
　　　　　<電話>(02)2917-8022

TOHAN
禁止翻印轉載，侵害必究。
本書如有缺頁或裝訂錯誤，請寄回更換（海外地區除外）。
Printed in Taiwan.

國家圖書館出版品預行編目資料

店家必學！活用「Google我的商家」讓能見度跟營收提升的54招集客密技／永友一朗作；王美娟譯. -- 初版. -- 臺北市：臺灣東販, 2020.07
192面；14.7×21公分
譯自：Googleマイビジネス 集客の王道：Googleマップから「来店」を生み出す最強ツール
ISBN 978-986-511-391-9（平裝）

1.網路廣告 2.網路行銷

497.4　　109007398